JN016518

DS

DATA SCIENCE

データサイエンス大系

データサイエンス入門
〈第2版〉

編／竹村彰通・姫野哲人・高田聖治

共著／和泉志津恵・市川治・梅津高朗・北廣和雄・齋藤邦彦

佐藤智和・白井剛・高田聖治・竹村彰通・田中琢真

姫野哲人・槙田直木・松井秀俊

学術図書出版社

本シリーズの刊行にあたって

　大量かつ多様なデータが溢れるビッグデータの時代となり，データを処理し分析するためのデータサイエンスの重要性が注目されている．文部科学省も 2016 年に「数理及びデータサイエンス教育の強化に関する懇談会」を設置し，私自身もメンバーとして懇談会に加わって大学における数理及びデータサイエンス教育について議論した．懇談会の議論の結果は 2016 年 12 月の報告書「大学の数理・データサイエンス教育強化方策について」にまとめられたが，その報告書ではデータサイエンスの重要性について以下のように述べている．

　　今後，世界ではますますデータを利活用した新産業創出や企業の経営力・競争力強化がなされることが予想され，データの有する価値を見極めて効果的に活用することが企業の可能性を広げる一方で，重要なデータを見逃した結果として企業存続に関わる問題となる可能性もある．
　　例えば，データから新たな顧客ニーズを読み取って商品を開発することや，データを踏まえて効率的な資源配分や経営判断をするなど，データと現実のビジネスをつなげられる人材をマスとして育成し，社会に輩出することが，我が国の国際競争力の強化・活性化という観点からも重要である．

そして大学教育において，以下のような数理・データサイエンス教育方針をあげている．

- 文系理系を問わず，全学的な数理・データサイエンス教育を実施
- 医療，金融，法律などの様々な学問分野へ応用展開し，社会的課題解決や新たな価値創出を実現
- 実践的な教育内容・方法の採用
- 企業から提供された実データなどのケース教材の活用

- グループワークを取り入れた PBL や実務家による講義などの実践的な教育方法の採用
- 標準カリキュラム・教材の作成を実施し，全国の大学へ展開・普及

　ここであげられたような方針を実現するためには，文系理系を問わずすべての大学生がデータサイエンスのリテラシーを向上し，データサイエンスの手法をさまざまな分野で活用できるために役立つ教科書が求められている．このたび学術図書出版社より刊行される運びとなった「データサイエンス大系」シリーズは，まさにそのような需要にこたえるための教科書シリーズとして企画されたものである．

　本シリーズが全国の大学生に読まれることを期待する．

監修　竹村 彰通

第 2 版へのまえがき

　本書の初版はデータサイエンスへの平易な入門書として好評を得て多くの大学で利用していただいている．一方，初版後の短い期間にも，データサイエンス教育を取り巻く状況にはかなりの変化があった．特に 2019 年 6 月に内閣の統合イノベーション戦略推進会議が決定した「AI 戦略 2019」では，文理を問わず全ての大学・高専生（約 50 万人卒/年）が初級レベルの数理・データサイエンス・AI を習得すべきとしており，これに呼応して全国の大学でデータサイエンス教育の充実が進められている．また AI 戦略 2019 に対応して，2020 年 4 月には数理・データサイエンス教育強化拠点コンソーシアムより「数理・データサイエンス・AI（リテラシーレベル）モデルカリキュラム」が公表された．

　第 2 版ではこのモデルカリキュラムに準拠する形で，モデルカリキュラムに含まれるキーワードについての記述を追加した．これにより本書がますます有用なものになったと考えている．

2021 年 1 月

滋賀大学データサイエンス学部長

竹村 彰通

まえがき

　データサイエンス大系シリーズの第1弾である本書『データサイエンス入門』は，ビッグデータ時代を生きるすべての大学生が身につけておくべきリテラシーとしてのデータサイエンスへの入門をコンパクトに解説するとともに，より進んだ学習への橋渡しともなる教科書である．また，大学の教養課程で用いられることを想定し，文科系の学生にも読みやすいように，数式はできるだけ使わずにグラフなどで直観的な説明を与え，データサイエンス全般を概観できる内容となっている．具体的には，以下のような項目を扱っている．

- データサイエンスの社会的役割
- データサイエンスのための統計学の基礎
- データサイエンスの手法の紹介
- コンピュータを用いたデータ分析の初歩
- データサイエンスの応用事例

　特に本書の特徴は，データサイエンスの応用事例としてマーケティング，画像処理，品質管理など様々な分野における実際のデータ活用の事例を紹介していることである．これによって，データサイエンスが現代の社会においてどのような役割を果たしているかを具体的に示しており，データサイエンスの学習を続けるための出発点になっていると思う．

　本書の作成について，学術図書出版社の貝沼稔夫氏には大変お世話になった．ここに感謝の意を表する．

2019 年 1 月

滋賀大学データサイエンス学部長

竹村 彰通

本書を使用して講義をされる先生へ

本書は全 15 回の講義に使うことを想定して書かれている．第 4 章まではどの大学でも共通して使える内容である．第 5 章は専門的なので，そのまま講義には使わなくてもよい．第 5 章の内容を参考にして，講義を担当する教員が自分の専門分野での応用事例を教えるのが望ましい．

サポートページ

https://www.gakujutsu.co.jp/text/isbn978-4-7806-0730-7/

には，本書を使用した講義のシラバス案と，数理・データサイエンス教育強化拠点コンソーシアムの YouTube チャンネルで公開されている動画から補助教材として役立つものをまとめてある．参考にされたい．

目　　次

第 1 章
現代社会におけるデータサイエンス

この章では，まず 1.1 節で現代社会においてデータサイエンスが果たしている役割について述べる．その後 1.2 節ではデータサイエンスにかかわる倫理的な諸問題について解説し，1.3 節でデータ分析のためのデータの取得・管理方法について概観を与える．

1.1 データサイエンスの役割

1.1.1 ビッグデータの時代とデータサイエンス

情報通信技術や計測技術の発展により，多量かつ多様なデータが得られ，ネットワーク上に蓄積される時代となった．このようなデータは**ビッグデータ**とよばれる．ビッグデータ時代をもたらした象徴的な機器が**スマートフォン**である．スマートフォンという製品のジャンルを確立したアップル社の iPhone がアメリカで発売されたのは 2007 年のことである．iPhone はインターネットに常時接続し，マルチタッチの画面を備え，それまでの携帯電話，デジカメ，音楽プレーヤーの機能を 1 つの機器に統合した．そしてその後の 10 年間で，スマートフォンは多くの国で個人所有率が 7 割を超えるまでに普及した．最近のスマートフォンの能力は，30 年ほど前のスーパーコンピュータの能力に匹敵するといわれており，人々はそれだけの能力をもつコンピュータを身につけて行動していることになる．

無線通信の速度や容量の増加も著しく，いまではたとえば地下鉄の中も「圏内」となり，スマートフォンを用いることができる．このため地下鉄の中でも人々はスマートフォンでソーシャル・ネットワーキング・サービス (SNS) を通

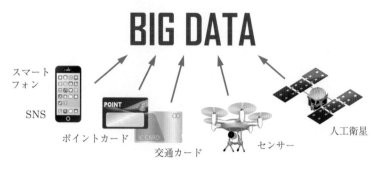

図 1.1　ビッグデータの概念図

じてメッセージを交換したり，ブラウザを用いて情報を得たりしている．そして，新聞や本を読んでいる人は少数となってしまった．10年の間にこのような大きな社会的変化が起きた．

　スマートフォンの他にも，コンビニでの買い物の際に**ポイントカード**を用いるとコンビニでの個人の購買履歴が蓄積されていく．ポイントカードを使うと消費者にはポイントがたまるメリットがあるが，企業側からすると個人の購買履歴の情報を得ることに価値がある．ポイントはこのような情報に対する対価と考えることもできる．また交通カードを使って電車に乗れば，いつどこからどこへ行ったかの移動の情報が蓄積されていく．

　人々の SNS でのメッセージ交換の履歴，ウェブの閲覧履歴，購買行動の履歴はインターネット上のサーバに記録され蓄積されている．これらのビッグデータは，さまざまなニュースに対する人々の関心の高さや，商品やサービスのトレンドを分析するために利用されている．より詳しく，たとえば年齢や性別によって関心をもつ対象がどのように異なるか，消費行動がどのように異なるか，なども分析されている．これにより，たとえば企業が新商品を開発する場合，どのようなターゲットに向けて開発するかなどを具体的に検討することができる．このような分析が可能になったのはスマートフォンやポイントカードの普及により人々の行動履歴が直接に得られ蓄積されるようになったためであり，これは最近の大きな変化であるといえる．

　科学の分野でも大量のデータが得られるようになり，データ駆動型の研究が進んでいる．一例として人工衛星からの観測を見てみよう．日本の天気予報に重要な

役割を果たしている気象衛星「ひまわり」は，今から約50年前の1977年に初め
て打ち上げられた (「日本の気象衛星の歩み」[1]).
そして最新のひまわり9号は2016年11月に打
ち上げられた．日本付近の気象衛星による観測
は，初代のひまわりの3時間ごとから，ひまわり8
号の2.5分ごとへと70倍以上の頻度に大きく向
上した．分解能も初代のひまわりの1.25kmか
ら，ひまわり8号の0.5kmまで向上した．2015
年7月に運用のはじまったひまわり8号からの
鮮明な台風の雲の動きは大きな反響をよんだ.
気象庁のホームページではひまわりから観測し
た雲画像を10分ごとに更新して掲載している.

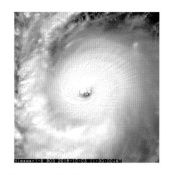

図 1.2　気象衛星ひまわり8号が
とらえた2016年台風18号

出所：気象庁ウェブサイト[2]

　また人工衛星を用いた位置測定 (米国の全地球測位システム GPS, Global
Positioning System, など) はカーナビやスマートフォンの位置情報に不可欠の
ものとなっているが，2017年10月には日本版 GPS 衛星「みちびき」の4号機
の打ち上げが成功した．これにより，天頂付近にとどまる「準天頂衛星システ
ム」は4機体制となり，衛星のいずれか1機が常に日本の真上を飛ぶことによ
りデータを24時間使うことが可能になった．この新しい衛星システムは誤差が
わずか数 cm という極めて正確な位置情報を提供し，たとえば無人トラクター
による種まきや農薬の散布などへの応用が考えられている．このように人工衛
星からの詳細なデータは我々の生活に不可欠なものとなっている.

　ビッグデータとして今後重要性が増してくるのは，さまざまなセンサーから得
られるデータである．センサーは我々の身近な機器にもどんどん搭載されてい
る．スマートフォンでは，画面の明るさを自動調整するためには輝度センサー
が，画面の自動回転のためにはモーションセンサーが使われている．また地磁
気センサーもついているので，スマートフォンの地図を用いるときに利用者が
どちらの方向を向いているかがわかる．最近の高機能な体重計 (デジタルヘルス
メーターや体組成計ともよばれる) では，体重だけでなく体脂肪率，体水分率,

---

[1] https://www.data.jma.go.jp/sat_info/himawari/enkaku.html
[2] https://www.data.jma.go.jp/sat_info/himawari/obsimg/image_tg.html

筋肉量なども測ることができ，またスマートフォンと連携することでデータの記録もできる.

　自動車については，自動運転の実現が期待されている. 自動運転が実現し一般化することで，過疎地域などの交通サービスの課題が解決できる. 自動運転車はカメラや，レーザー光を使ったセンサーである LiDAR を使って自車の周りの環境を認識する. また，信号機や周りの車と通信することによって，環境の認識の精度をあげることができる.

図 1.3　LiDAR
Photo by David McNew/Getty Images

　このようにさまざまなモノにとりつけられたセンサーからの情報をインターネットを介して利用することを **IoT** (Internet of Things, モノのインターネット) とよんでいる. IoT の技術を生産現場に応用して，生産性の向上や故障の予知などをおこなう工場はスマート工場とよばれる. スマート工場による生産性の向上はドイツで「インダストリー 4.0」として提唱され，その後工場に限らずより広い経済活動の変革をもたらす言葉として **第 4 次産業革命** が使われるようになった. また**ソサエティー 5.0** (Society 5.0) は，日本が提唱する未来社会のコンセプトであり，コンピュータとネットワークから構成されるサイバー空間 (仮想空間) と我々が実際に暮らしているフィジカル空間 (現実空間) を融合させることにより新たな社会を築こうとするものである.

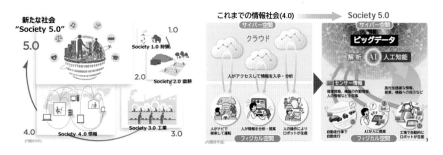

図 1.4　ソサエティー 5.0 (Society 5.0)
出所：内閣府ウェブサイト https://www8.cao.go.jp/cstp/society5_0/

　スマートフォン，ポイントカード，人工衛星などから得られるデータは大量であり典型的なビッグデータである．ビッグデータの特徴としては Volume (量)，Variety (多様性)，Velocity (速度) の 3V とよばれる性質があげられることが多い．Volume の意味は明らかであるが，Variety (多様性) とはたとえば画像データや音声データなどのさまざまな形式のデータがあることを意味し，Velocity (速度) はウェブ検索において短時間に検索結果を返すような高速な処理が求められることを意味している．気象衛星ひまわりのデータでも，可視光のデータのみならずさまざまな波長の赤外線のデータが観測され，地上に常時送られ，これらのデータは組み合わせて実時間 (リアルタイム) 処理され，雲の様子など天候の状況が可視化されている．

　しかしながら，典型的なビッグデータのみが有用なわけではないことに注意する必要がある．以前は紙で処理していた事務作業のほとんどがパソコンで行われるようになり，表計算ソフトのワークシートの形でデータを保存することが容易になった．またデータを保存しておくためのハードディスクなどのストレージの価格も下がっている．このため，我々の生活のあらゆる場面でデータが入力され保存され，データが社会に溢れるように遍在する時代となった．このような時代において，典型的なビッグデータと限らず，あらゆる種類のデータを処理・分析して，そこから有用な情報 (価値) を引き出すための学問分野が**データサイエンス**である．

1.1.2 資源としてのデータ

最近ではデータは「21 世紀の石油」ともよばれるようになり，データが新たな
経済的な資源と考えられるようになっている．データを経済的な資源と考えると
きに，データを保有するものが有利となる．実際，アマゾンなどのインターネッ
ト上の巨大企業は膨大なデータを蓄積し，経済的な優位性を築いている．最近で
はグーグル，アップル，フェイスブック (現メタ)，ア
マゾンの 4 つの巨大企業は，それぞれの頭文字をとっ
て「GAFA」とよばれるようになった．以前はこれ
にマイクロソフト社を加えて GAFMA とよばれるこ
ともあったが，最近では特にモバイル (携帯) 分野で
のマイクロソフト社の影の薄さから，GAFA がイン
ターネット上の巨大企業を表す用語として使われる
ことが多い．これらの 4 社は，それぞれの得意分野の

図 1.5 GAFA

インターネットサービスにより世界中で億人単位のユーザーを囲いこんでおり，
個人のデータを大量に収集し，データを分析して新たなサービスを展開している．

中国は，政府の政策により，国内のインターネット事業者を保護しており，中
国国内市場自体の大きさから GAFA に匹敵する巨大企業を生み出してきた．代
表的な巨大企業として，バイドゥ (百度)，アリババ (阿里巴巴)，テンセント (騰
訊控股) の 3 社は BAT とよばれている．

このように米国でも中国でも，ビッグデータを資源として利用した企業が急
激に成長し，さまざまな基盤的なサービスを提供している．このように資源と
してのデータの利用がイノベーションをもたらしている社会を**データ駆動型社
会**とよんでいる．

GAFA や BAT のサービスは，ユーザーが増えれば増えるほど便利になりサー
ビスがさらに向上するという「ネットワーク効果」をもっており，これらの企
業は**プラットフォーマー**とよばれている．プラットフォーマーとは，第三者が
ビジネスや情報配信などを行う基盤として利用できるサービスやシステムなど
を提供する事業者を指す．たとえばフェイスブックは，SNS のプラットフォー
マーであり，ウェブ上で仕事や趣味のグループ活動などの社会的ネットワークの

場を提供してきた．同様のサービスは他にも存在しているが，たとえばネット上での同窓会の運営を考えてみても，1つのサービスに加入している人が多ければ多いほど運営がやりやすくなることから，いったんユーザーが集まったサービスにはさらに多くのユーザーが集まるというネットワーク効果が働く．このためフェイスブックはSNSのプラットフォーマーとしての地位を築いてきた．

　これらのプラットフォーマーが活躍する基盤であるインターネット自体は，分散的なネットワークであり，電話番号にあたるIPアドレスやドメイン名の取得に一定のルールがあるものの，ルールを守れば自由にローカルなネットワークをインターネットに接続できる．インターネットでは，個人でも自由にサーバをたて，ホームページを公開できる．このようにインターネットの基盤自体は分散的な構造であるのに，その基盤上に構築されたサービスに独占的な傾向が生まれていることは注目に値する．

　ところで2018年4月のはじめに，フェイスブックから最大で8700万人もの個人情報が流出したというニュースが報道された．これらのデータはケンブリッジ・アナリティカというデータ分析会社に渡り，2016年の米大統領選でもトランプ陣営に有利になるように使われたのではないかと疑われている．この事件により，フェイスブックによる個人情報の扱いに批判が集まっており，フェイスブックの今後に暗雲が漂いはじめているようにも思われる．このように，データは今日の最も重要な資源と考えられているが，その有用性ゆえに，その扱いを誤ったときの影響は大きい．

　データが資源といっても，ためているだけでは価値を生むことはなく，宝の持ち腐れになってしまう．豊かな自然資源をもつ国でも，その資源を加工する技術をもたなければ，資源を輸出するだけでなかなか先進国と伍していくことができない．データについても，データ自体と，データを処理・分析する技術の双方が重要である．残念ながら，現在の日本は，データを外国企業にとられ，また活用もされている状況が続いている．日本でもデータは常時生み出されているから，日本に欠けているのはデータを加工・分析する技術，あるいはそのような技術をもち社会の仕組みをデザインする人材である．

　まずは21世紀の石油としてのデータとその加工・分析の重要性が広く認識さ

れ，一般的なデータサイエンスのリテラシーを向上することが重要である．日本の政府や経済界も，文系理系を問わず全学的な数理・データサイエンス教育の充実を重要な教育方針としてあげている．その上で，データサイエンスに専門性を有する人材の組織的な育成も求められる．データを処理・分析し，データから価値を引き出すことのできる専門的な人材をデータサイエンティストとよぶ．

　データサイエンティストに必要な素養にはどのようなものがあるだろうか．まずデータの処理のためにはコンピュータを用いる必要があり，情報学あるいはコンピュータ科学の知識が必要である．またデータの分析のためには統計学や機械学習の知識が必要である．さらにそれらの基礎としてはある程度の数学の知識も必要となる．すなわちデータサイエンスの技術的な基礎は情報学と統計学であり，これらは理系的な分野である．一方で，すでに述べたように，最近の大きな変化は人々の行動履歴のデータが得られるようになったことであり，データサイエンスの応用分野は人や社会に関連する分野であることが多い．すなわちデータサイエンスの応用分野は多くの場合文系的である．この意味でデータサイエンスは文理融合的な分野である．

　データの観点から見ると，文理の区別自体が意味をもたない．たとえば円とドルの為替レートのデータを考えてみよう．これは経済に関するデータであるから文系といえる．他方で毎日の気温のデータを考えると，これは気象に関するデータであるから理系といえる．ただし，どちらも時系列データという点で

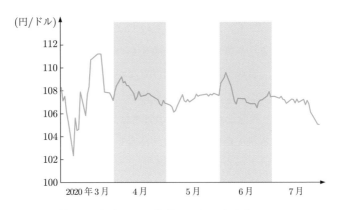

図1.6　円とドルの為替レートの時系列データ

は同じであり，これらのデータを分析する際に同様の手法を用いることができる．すでに述べたように，最近ではパソコンを使った作業が一般化し，あらゆる分野でデータが得られるようになっている．このことからも文理の区別は実際上の意味がないことがわかる．データサイエンティストは，情報学と統計学のスキルを用いて，文理を問わずあらゆる分野のデータを分析し，必要に応じてそれぞれの分野の専門家と協力しながら，データから価値を引き出すことのできる人材である．

　文系理系の区別は日本の教育の1つの問題点である．この区別は大学入試に関連して強まる傾向にある．大学への進学を考える高校生の多くは，高校1年生の終わりにすでに文系か理系を選択し，その区別にそって入学試験の準備をはじめる．そして文系を選択した学生は理系の科目，特に数学の勉強を避ける傾向がある．日本の企業では経営者は文系出身者であることが多いから，経営者の多くが「数字に弱い」傾向となる．そのためエビデンス (証拠) に基づく意思決定よりも「経験」と「勘」による意思決定が行われることが多くなる．他方，技術者もキャリアパスが技術系に閉じていることが多く，技術的な専門性は高いものの，たとえば消費者の嗜好がどこにありそのためどのような技術が求められているのか，といった経営的な判断をすることが少ない．しかしながら，ICT (Information and Communication Technology，情報通信技術) がこれだけ進歩した現状では，求められているのは技術のわかる経営者であり，また経営のわかる技術者である．政府や自治体においても最近ではデータに基づく政策立案・評価が重視され，これは**証拠に基づく政策立案** (EBPM, Evidence Based Policy Making) とよばれる．

1.1.3　現代のそろばんとしてのデータサイエンスとAI (人工知能)

　文系理系の区別は，日本の社会に見られる縦割りの構造の1つの表れである．日本の大学の学部や学科の構成は，対応する産業分野への人材供給を基本的な考え方としているように思われる．伝統的には，法学部卒業生は公務員に，経済学部卒業生は金融機関に就職する，というように考えられていたし，工学部でも電気工学科や機械工学科といった学科構成は製造業の各分野に対応している．

これに対してデータサイエンスは分野を問わず必要とされるものであり，汎用的あるいは「横串」の手法である．一方それぞれの固有の専門領域やそれらの分野で用いられる手法を「縦串」とよぶことにすると，日本ではまずそれぞれの専門分野の縦串の手法を学び，統計学や情報学のような横串の手法は「後から必要に応じて勉強すればよい」とやや軽く考えられてきた傾向がある．

　このような傾向の中で，日本の企業では統計的なデータ分析についても「数字だけわかっていてもだめだ」，「現場がわからなければだめだ」などの反応が見られることが多かった．個別分野の専門性の深さはもちろん重要であるが，一方で最近のインターネット関連のイノベーションには横串の手法のほうがより貢献が大きく，技術のあり方自体が変化しているように思われる．

　横串の学問として最も基礎的な学問は数学であり，日本では江戸時代から「読み・書き・そろばん」が教育の基本となっていた．現在ではそろばんはコンピュータに対応すると思われるが，ビッグデータ時代においては，データをコンピュータや数学を用いて扱うスキルに対応すると考えるほうがよいであろう．すなわちデータサイエンスは 21 世紀のそろばんと考えることができる．文系理系を問わず全学的な数理・データサイエンス教育の充実を重要な教育方針としてあげている文部科学省の方針も，このような考え方が背景にある．データの重要性が認識されるにつれて，日本の企業においても，「数字だけわかっていてもだめだ」，「現場がわからなければだめだ」という反応から，「データを活かしきれていない」，「データサイエンスの観点からデータを見てほしい」という反応に変わってきているのが現状である．

　このように，データサイエンスの考え方や基本的な手法は，現代のそろばんとして，広く学ばれるべきものである．

　ビッグデータの活用において最近大きな注目を集めている技術が **AI (人工知能**，Artificial Intelligence) 技術である．人工知能とは，コンピュータに人間の知的な行動をおこなわせる技術であり，コンピュータが誕生した頃から研究がはじまっていたが，最近この技術が注目されているのは**深層学習** (Deep Learning) 技術の急速な発展のためである．深層学習は 2012 年に画像認識を競う国際会議で従来手法を大幅に上回る性能を上げたことにより注目されるようになった．

図 1.7　韓国のプロ棋士イ・セドルと AlphaGo の対局 (2016 年 3 月)
Photo by Google via Getty Images

　その後，グーグルが開発した囲碁プログラム AlphaGo (アルファ碁) が 2016 年に韓国のトップ棋士に勝利したことにより，一般の人々にもこの技術の有用性が広く認識されるようになった．深層学習は，脳の神経細胞を模したモデルであるニューラルネットワークモデルにおいて，階層の数を多くした複雑なモデルを利用している．複雑なモデルを構築するにはビッグデータが必要となるため，ビッグデータの存在と AI 技術の発展は表裏一体といってもよい．深層学習は，画像解析においてはすでに広く用いられているが，音声データやテキストデータの解析にも有効であり，音声認識や自動翻訳の精度の向上をもたらしている．AI 技術の急激な発展を受けて政府は 2019 年 7 月に「AI 戦略 2019」を策定し，文部科学省はすべての大学生が学ぶべきものとして数理・データサイエンス・AI 教育の全国展開を進めている．

　深層学習などの最近の AI 手法は，ビッグデータを用いて人間の知的活動を模倣する性格が強く，その意味でデータを起点としたものの見方に基づいている．それ以前の人工知能の研究は論理的思考などを計算機上に実現しようとしたものであり人間の知的活動を起点としたものの見方に基づいていた．現在ではデータを起点としたものの見方の有用性が強く認識される時代であるが，データに基づきつつ責任を持った判断をおこなうのは人間であって AI ではないから，人間の知的活動を起点としたものの見方も常に重要である．

1.1.4　求められるデータサイエンティスト

　ビッグデータという言葉が用いられるようになったのは 2010 年頃からであるが，その頃にアメリカではデータサイエンティストや統計学を専門とする統計家が魅力的な職業であるといわれるようになった．2008 年には，著名な経済学者でその当時グーグルのチーフエコノミストであったハル・ヴァリアンが「これから 10 年間の最も魅力的な仕事は統計家だといつもいっているんだ」(*"I keep saying the sexy job in the next ten years will be statisticians"*) と発言した．また 2009 年にはその当時グーグル上級副社長であったジョナサン・ローゼンバーグが「データは 21 世紀の刀であり，それをうまく扱えるものがサムライだ」(*"Data is the sword of the 21st century, those who wield it well, the Samurai"*) と述べた．同様の文章はエリック・シュミットとジョナサン・ローゼンバーグの *How Google works* (Grand Central Publishing, 2014)[3] という本の中でも繰り返されている．

　このような発言を裏付けるデータとして，アメリカ統計学会のニュースレターに示されている統計学および生物統計学の学位の授与数のデータがあげられる．それによると，統計学および生物統計学の学士号 (学部卒) の授与数は 2009 年には 700 名程度であったものが 2019 年には 4500 名くらいになっている．また修士号 (修士卒) の授与数は 2009 年には 2000 名程度であったものが 2019 年に

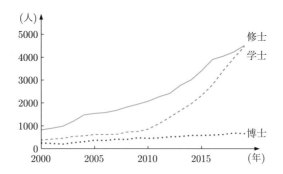

図 1.8　アメリカにおける統計学・生物統計学の学位授与数の推移 (2000〜2019 年)
データの出所：アメリカ統計学会
https://ww2.amstat.org/misc/StatBiostatTable1987-Current.pdf

---

[3] 日本語翻訳版は，土方奈美訳，『How Google Works』(日本経済新聞出版社，2014).

は 4500 名くらいとなっている．特に学士については 10 年で数倍の伸びとなっている．アメリカでは多くの大学に統計学科が昔から存在するが，統計学科における教育がコンピュータも重視したデータサイエンス教育にシフトしつつあり，卒業後の就職状況も良いことから，学生からの人気につながっていると思われる．

　中国にも 300 以上の大学に統計学部・学科があるといわれている．中国の IT 化は急速であり，すでにふれた BAT とよばれる巨大インターネット企業が多くのデータサイエンティストを採用している．

　これに対して日本ではデータサイエンティストを組織的に育成する体制ができていない．2017 年 4 月に滋賀大学に日本初のデータサイエンス学部が開設されるまで，日本には統計学を専攻する大学の学部や学科が存在していなかった．2018 年 4 月には横浜市立大学にもデータサイエンス学部が開設された．その後も毎年のようにデータサイエンス系の学部が新設されているが，まだまだ日本はデータサイエンスの分野でアメリカや中国に比べて大きく出遅れている現状であり，ともかくデータサイエンティストの数が少ない．一方で最近になって日本でも多くの企業がデータサイエンス部門を新設するなど，急激にデータサイエンティストに対する需要が増えており，多くの企業でデータサイエンティストがなかなか確保できない状況となっている．

　このようにデータサイエンスに対する全般的なリテラシーを向上するとともに，専門家としてのデータサイエンティストの組織的な育成も求められている．これらはデータサイエンス教育における車の両輪ともいえる．

課題学習

1.1-1　世界各国におけるスマートフォン所有率の推移を調べよ．

1.1-2　新聞やインターネットニュースでデータサイエンスの活用に関する記事を集め，応用分野ごとに分類せよ．また，興味をもった活用事例について調べよ．

1.2 データサイエンスと情報倫理

　一般に「士業」とよばれる弁護士や公認会計士，建築士といった職業には，それらに係わる国の法律がある．その職務遂行には法令に基づく規則や規制があり，免許や資格のない者がそれらの肩書きを名乗ることは禁じられている．

　データサイエンティストの場合はどうだろう．個人情報や著作権などを保護する法律はあるものの，データを扱うのに免許などはいらない．関連する学会や協会によるスキル認定の試験はあるが，データサイエンティストの肩書きは誰でも名乗ることができる．それでも，仕事の中でデータを活用しようとする者は，自らの営みが自分の組織や社会を豊かにすることを考えるだけでなく，人々や世の中にどのような関わり合いを持つのか省みることも必要である．

　本節では，データや AI (人工知能) 技術を扱う者が知っておくべき倫理について，規則 (ルール) や留意すべき道徳 (モラル)，具体事例を交えながら考えてみる．なお，本節での言葉遣いでは，「データ」と「情報」は互いに区別せず用いている[4]．

1.2.1 倫理・法律・社会的合意 (ELSI)

　データサイエンスを含めて科学技術に携わる者は，さまざまな利害関係者のことを理解しなければならない．

　米国の国立衛生研究所は，ヒトゲノムプロジェクト (人類の遺伝子解析研究) を立ち上げた当時の 1990 年，倫理 (Ethical)・法律 (Legal)・社会的合意 (Social Implications，または社会課題 Social Issues) に関する「ELSI プロジェクト」を発足させた．遺伝子を解析し，操作できるようになると，ゲノム編集による農畜産物やゲノム創薬など，多くのイノベーションが生まれることが期待される．同時に，一般市民の暮らしや価値観，そして社会に大きなインパクトを与えることも予見される．ELSI プロジェクトは，そのようなインパクトに備える必要性を考慮したものであった．ELSI は，ヒトゲノムにとどまらずこれまでに存在していなかった新興の科学技術がもたらしうる影響を論じるキーワードとして繰り返し用いられており，このことの重要性は情報を扱う者にも当てはまる．

---

[4] データ Data，情報 Information に知識 Knowledge，知恵 Wisdom を加えて階層化して捉える考え方 (**DIKW ヒエラルキー**) もあるが，本節はそれに従っていない．

　1990 年代の半ば，情報技術と通信技術はともに大きく変化した．それまでは専門家がキーボードで命令を打ち込んで操作していた電子計算機の世界が，マウスのクリックで動かせるパーソナル・コンピュータ (PC) の登場により一般に普及するようになった．時を同じくして，研究機関や企業の中のコンピュータ・ネットワークは，それぞれが閉じた世界で運用されていたものが徐々に相互接続され (インターネット)，情報が開放されるようになった．この環境変化は，それまで専門家によって請け負われていた情報処理の世界を大きく変えてしまった．一般市民も含めたさまざまなプレイヤーが参入してきたことで，サイバー空間の中にさまざまな情報が自由気ままに流通するようになった．なかには，芸能人の写真や音楽，また猥褻な画像が不法にやりとりされ，電子掲示板で中傷や噂話が拡散する場合もあった．

　これらは，それまでの社会が経験したことのないことであった．法制度は既存のものでは手に負えず，また，速い変化に容易に追いつけなかった．当時の日本には，ネットワークに不正に侵入されてもそれを犯罪として取り締まる法律はなかった[5]．その一方で，上場会社が自社のウェブサイトに決算情報を即時掲載することは，**インサイダー取引**になりかねないとされて規制された[6]．

　このような中，情報処理技術者のコミュニティである**情報処理学会**は，1996 年，倫理綱領を制定した (図 1.9)．これは，情報処理技術が社会に対する強力で広範な影響力を持っているという状況認識の下，情報処理に関わる社会的課題に取り組んでいる専門家である情報処理学会会員の行動規範を打ち出すものであった．この倫理綱領は，士業のような法的裏付けが与えられているわけではない情報処理技術者という専門家集団が負う役割と責任を，社会に認知させるものでもあった[7]．

　今日，データサイエンスとよばれる科学技術は，加速し続ける情報通信技術を基盤として経済・社会のあらゆる場面に浸透している．人の生活や産業活動

---

　[5]　**不正アクセス禁止法**が施行されたのは 2000 年．

　[6]　1995 年，ある企業が決算情報を自社サイトに即時掲載することを表明したが，当時の**証券取引法**施行令の規制のため，その実現は見合わされた (当時は，情報を報道機関に公開してから 12 時間以内に行われる取引は内部情報を利用した不公正なものとみなすこととされていた)．翌年以降，開示された決算情報は 3 日後や 12 時間などの時差を設ける形でサイト掲載が進んだが，即時掲載が法令上認められたのは 2004 年になってからだった．

　[7]　他にも，日本計量生物学会による「統計家の行動基準」(2013 年) などがある．

情報処理学会倫理綱領 (1996年5月20日制定)

前文
　我々情報処理学会会員は，情報処理技術が国境を越えて社会に対して強くかつ広い影響力を持つことを認識し，情報処理技術が社会に貢献し公益に寄与することを願い，情報処理技術の研究，開発および利用にあたっては，適用される法令とともに，次の行動規範を遵守する.

1. 社会人として
　　1.1　他者の生命，安全，財産を侵害しない.
　　1.2　他者の人格とプライバシーを尊重する.
　　1.3　他者の知的財産権と知的成果を尊重する.
　　1.4　情報システムや通信ネットワークの運用規則を遵守する.
　　1.5　社会における文化の多様性に配慮する.

2. 専門家として
　　2.1　たえず専門能力の向上に努め，業務においては最善を尽くす.
　　2.2　事実やデータを尊重する.
　　2.3　情報処理技術がもたらす社会やユーザへの影響とリスクについて配慮する.
　　2.4　依頼者との契約や合意を尊重し，依頼者の秘匿情報を守る.

3. 組織責任者として
　　3.1　情報システムの開発と運用によって影響を受けるすべての人々の要求に応じ，その尊厳を損なわないように配慮する.
　　3.2　情報システムの相互接続について，管理方針の異なる情報システムの存在することを認め，その接続がいかなる人々の人格をも侵害しないように配慮する.
　　3.3　情報システムの開発と運用について，資源の正当かつ適切な利用のための規則を作成し，その実施に責任を持つ.
　　3.4　情報処理技術の原則，制約，リスクについて，自己が属する組織の構成員が学ぶ機会を設ける.

図 1.9　情報処理学会倫理綱領

出所：情報処理学会ウェブサイト `https://www.ipsj.or.jp/ipsjcode.html`

がますますデータ駆動 (data driven) になる中，データサイエンスも ELSI に無関心ではいられない.

　マイクロソフト社長ブラッド・スミスは，その著書[8]の中でこう述べている.「世界を変えるような技術を開発したのなら，その結果として世界が抱えることになる問題についても，開発の当事者として解決に手を貸す責任を負う.」

---

[8] Brad Smith, Carol Ann Browne (斎藤栄一郎訳)『Tools and Weapons ─テクノロジーの暴走を止めるのは誰か─』(プレジデント社，2020)

1.2.2 個人情報保護

自分の生活が他人から興味本位で見られたり干渉されたりすることは，気持ちのよいことではない．そのようなことがなく安心して過ごすことができる権利が**プライバシー**である．個人情報はこの権利を守るために保護されるべきものである．

日本において個人情報に関する法律が施行されたのは，1989 年，官庁を対象に規制する「行政機関の保有する電子計算機処理に係る個人情報の保護に関する法律」が初めてのものだった．その後，1990 年代の情報通信革命を経て国民的なプライバシー意識の高まりを受け，民間も含めた包括的な**個人情報保護法**が2005 年になって施行された．

(1) 個人情報の定義

個人情報保護法では**個人情報**を「生存する個人に関する情報であって，氏名や生年月日等により特定の個人を識別することができるもの」としている．

個人情報とは「氏名」，「住所」，「生年月日」，「性別」に限ったものであるという考えは誤解である．その 4 情報は**住民基本台帳ネットワーク**が保有している基本情報であり，それら以外にも「特定の個人を識別することができる情報」であれば何でも個人情報に該当する．たとえば，12 桁の数字である**マイナンバー**も人の容貌 (たとえば顔の画像) も，特定の個人を識別できればそれは個人情報である．

コラム　統計法

　第二次世界大戦下の日本では，国の統計データは気象情報同様に軍事上機密扱いとされ，戦中最後の大日本帝国統計年鑑 (1941 年刊) には，「防諜上取扱注意」と印刷されていた．しかし，当時のその品質は心もとなかったようだ．戦後，吉田茂総理の「統計がしっかりしていたら，もともと戦争もなかった」という言葉に日本占領軍マッカーサー司令官も納得したという．

　そのような反省に立って 1947 年に作られた統計法は，日本国憲法よりも先に施行された．統計調査の真実性を確保するために，統計調査の秘密を守り，作成した統計は公表することなどが定められている．

　国の統計調査の秘密保護は，個人情報保護法ではなく統計法のこの規定により守られている．

---

(2) 4 つのルール

個人情報はその人自身のものであるから，本人以外が勝手に扱ってよいものではない．このため，個人情報保護法では，個人情報を取り扱う事業者に対して次の 4 つのルールを設けている[9]．いずれも自分の情報の預け先になる事業者には守ってもらいたいことである．

① 取得・利用：目的を特定して通知・公表し，その範囲内で利用
② 保管：漏えい等が生じないよう，安全に管理
③ 提供：第三者への提供は，あらかじめ本人から同意
④ 開示請求等への対応：本人からの請求に対応

これらに違反の場合は，政府の個人情報保護委員会からの勧告や命令を受けたり，刑罰を科されたりすることがある．

(3) 匿名加工情報

個人情報は，ルールの 3 番目にあるとおり，本人の同意なしに第三者に提供してはならない．それでも，個人情報は，個人を特定しない統計処理など，適切に加工すればそこから知識や洞察を引き出せる可能性がある．

そこで，個人情報が復元されないように作った「**匿名加工情報**」であればこれを第三者に利活用させてもよい，という仕組みが，2015 年の改正個人情報保護法で新たに設けられた．匿名加工情報の作成は，政府の個人情報保護委員会が定めた最低限の規律をもとに，民間事業者が自主的なルールを策定して取り組むことが期待されている．たとえば，交通系 IC カード PiTaPa を展開する事業者 スルッと KANSAI は，図 1.10 に示すように匿名加工情報の作成・提供について公表している．

(4) 個人データの越境移転

個人情報保護法は，外国とのデータのやりとり (**越境移転**) に規制を設けている．外国では，経済や文化などが必ずしも日本と同じわけではなく，そもそも日本の個人情報保護法は適用されない (その国の法律が適用される) ことから，

---

[9] 個人情報取扱事業者とは個人情報データベースなどを事業の用に供している者である．これには営利企業だけでなく同窓会などの非営利組織もその対象として含まれている．

法人向けPiTaPa　／　お問い合わせ　　PiTaPa倶楽部ログイン

PiTaPaってなに?　／　PiTaPaを選ぶ　／　ご利用エリア　／　PiTaPaショッピング　／　PiTaPa入会方法　／　PiTaPaオンライン入会

匿名加工情報の作成および提供について

トップ ＞ 匿名加工情報の作成および提供について

当社は、法令等に基づいた適正な加工方法に基づき、特定の個人を識別することや個人情報を復元することができないようにした匿名加工情報を作成し、第三者に提供します。
また、今後も同様に匿名加工情報を継続的に作成し、第三者に提供することを予定しています。

〔匿名加工情報に含まれる個人に関する情報の項目〕

- ・ カードIDi（特定の個人を識別できず、かつ復元できない方法で加工し暗号化したもの）
- ・ 一件明細ID（特定の個人を識別できず、かつ復元できない方法で加工し暗号化したもの）
- ・ 乗降車履歴、郵便番号、性別、年代（5歳毎の年代）、学生区分

〔匿名加工情報の提供方法〕

- ・ パスワードにより保護された電子ファイルを記録した外部記憶媒体を手交、またはセキュリティを確保した輸送手段により配送し提供する

2020年7月15日
株式会社スルッとKANSAI

図 1.10　匿名加工情報の例：PiTaPa
出所：株式会社スルッと KANSAI ウェブサイト
`https://www.pitapa.com/misc/tokumei.html`

　自国の個人情報を守るために，そのような規制があるわけである．

　このような規制が存在することから，日本で事業を営む外国企業は，日本で取得した個人情報を各個人からの同意を得ることなしに本国に持ち出すことはできない．立場を変えて，日本企業が外国で事業を営む場合も同様の規制を受けることになる．たとえば，自社のオンラインゲームを海外ユーザにも遊んでもらうために，サービス提供先の国でプレイするゲーム会員の情報を日本の本社が取得しようとする場合，この個人情報の移転行為がその国の法律にとって抵触しないことを確認しておく必要がある．そうしておかないと後になってから問題が起きる場合がある．

　ビジネスを円滑に進めるために必要なデジタル貿易ルール作りに向けて，2019年大阪で開催された **G20** 首脳会議では議長国日本が「信頼性のある自由なデー

タ流通」(**DFFT**, Data Free Flow with Trust) を提唱し，これは首脳宣言に盛り込まれた．その後，世界貿易機関 (WTO) において電子商取引交渉は続いているが，本書執筆時の現時点ではグローバルなルール策定には至っていない．

それでも，日本は，二国間 (米国など) や地域で対話を行っており，中でも代表的なものが 2019 年に発効した**欧州連合 (EU)** との間で設けられた相互の円滑な個人データ移転枠組である (図 1.11)．EU には日本の個人情報保護法に対応するものとして「**一般データ保護規則**」(**GDPR**, General Data Protection Regulation) がある．日本の個人情報保護法は EU の GDPR と完全に一致しているものではないが，この個人データ移転枠組の発効に当たり，日・EU の両者はそのギャップを双方でできる範囲で埋めながら相互のビジネスがスムーズに行えるように，それぞれに「補完的ルール」を設けた．このルールでは，たとえば，EU 域内から提供を受けた情報に性的指向や労働組合に関することが含まれる場合には，日本の個人情報保護法の「要配慮個人情報」と同様に取り扱うことなどが定められている．もっとも，たとえば GDPR の「**忘れられる権利**」

News Release

日 EU 間の相互の円滑な個人データの移転
〜ボーダレスな越境移転が実現〜

平成 31 年 1 月 22 日

　日 EU 間の相互の円滑な個人データ移転を図る枠組みが、本年 1 月 23 日に発効します。
　本枠組みの構築に関しては、日 EU 双方の経済界の要望等も受け個人情報保護委員会と欧州委員会との間で交渉を重ね、平成 30 年 7 月、個人情報保護委員会が個人情報保護法第 24 条に基づく指定を EU に対して行い、欧州委員会が GDPR 第 45 条に基づく十分性認定を我が国に対して行う方針について合意に至りました。この合意を踏まえて、我が国においては、第 85 回個人情報保護委員会において、上記の EU 指定を 1 月 23 日付けにて行うことを決定しました。また、欧州委員会においても、上記の我が国の十分性認定を同 23 日付けにて決定する予定となっています。

図 1.11　国をまたがるビジネスのために円滑な個人データ移転
出所：個人情報保護委員会ウェブサイト
https://www.ppc.go.jp/news/press/2018/20190122/

は日本の個人情報保護法には存在せず，補完的ルールでもそこまでの担保は求められていない．

他にも，二国間協定 (米国など) や「環太平洋パートナーシップ」(TPP) などの地域協定の中で，個人情報の保護や越境移転に関する規程が設けられている．

1.2.3　情報セキュリティ

ここでは，個人情報の 2 番目のルール「② 保管：漏えい等が生じないよう，安全に管理」を掘り下げ，情報セキュリティについて見てみる．これには 3 つの要素，**機密性・完全性・可用性**があり，それぞれに打つべき対策がある[10]．

(1)　機密性

機密性とは，情報を取り扱う権限のない「相手」(人間に限らず，機械の場合も) に情報が不用意に見られたり使われたりしないことである．

そのためには，ID とパスワードを設定することで情報アクセスに錠をかけたり重要な情報システムにはワンタイムパスワードを併用したりといった**認証管理**や，特に機微な情報のやりとりでの**暗号化**といった対策がある．加えて，パソコンへの**アンチウイルスソフト**の導入や不正アクセスの原因となるソフトウェアのぜい弱性 (**セキュリティホール**) に対するアップデートの適用も欠かせない．

対策は，機械系だけでなく，人間系にも注意が必要である．画面を背後から覗き見られたり，悪意のある者から送りつけられたウイルス付きメールをうっかり開いてしまったりといった攻撃 (**ソーシャルエンジニアリング**) に気を付けなければならない．

(2)　完全性

完全性とは，情報が不用意に書き換えられないようにしていることである．

そのためには，データ (ファイル) をどう扱えるかについて，「読取不可」や「読取のみ」，「書込可」といった役割を「相手」によって使い分ける**権限管理**といった対策がある．また，データが書き換わっていないことを検証する手段と

---

[10] ISO/IEC 27000 及び日本産業規格 JIS Q 27000 情報セキュリティマネジメントシステム (ISMS, Information Security Management System) の定義に基づく．機密性 Confidentiality，完全性 Integrity，可用性 Availability の頭文字から **CIA** と略される．なお，米国の中央情報局 Central Inteligence Agency も CIA．

ダウンロードのデータ整合性と信頼性を確認するには、次の手順を実行します。

1. 目的の製品 ISO ファイルをダウンロードして、インストール ガイドラインに従います。
2. Windows PowerShell を起動します。お使いのオペレーティング システムの PowerShell の場所が見つからない場合は、こちらからヘルプが得られます。
3. PowerShell では、Get-FileHash コマンドレットを使用して、ダウンロードした ISO ファイルのハッシュ値を取得します。例:

```
Get-FileHash C:\Users\ユーザー1\Downloads\Contoso8_1_ENT.iso
```

4. ダウンロードした製品に関して、SHA256 出力が下の表の値と一致する場合は、ファイルが破損していない、改ざんされていない、または元のファイルから変更がないことを示しています。

日本語 64-bit	6C2F925D1013CDA22FD3F7C2E02BB1E921F6341724D1E5EE2CED4CCE2BC68C86
日本語 32-bit	CD094E684CEB1337A9E1605E089E0CFA712B4B1378078F8B2178601DA293C914

出所：マイクロソフトウェブサイト
https://www.microsoft.com/ja-jp/software-download/windows10ISO

実際にダウンロードしたファイルのハッシュ値を計算すると，Microsoft が公開しているものと一致：

```
PS C:¥Users¥naoki> Get-FileHash C:¥Users¥naoki¥Downloads¥Win10_20H2_v2_Japanese_x64.iso
Algorithm      Hash                                                                Path
---------      ----                                                                ----
SHA256         6C2F925D1013CDA22FD3F7C2E02BB1E921F6341724D1E5EE2CED4CCE2BC68C86    C:¥Users¥naoki¥Downloads¥Win1...
```

図 1.12　Windows 10 のディスクイメージ (ISO ファイル) をハッシュ値で検証

して**ハッシュ値**を用いることも有効であろう (図 1.12).

人間系についても，組織の中でデータを誤って消去・廃棄する行為が行われないように，情報取扱規則を整備しておく必要がある.

(3)　可用性

可用性とは，情報が使うべきときに使えるようになっていることである.

そのためには, 記録装置や電源などを含めた情報システムの二重化 (冗長化) を施したり, 通信回線の速度や情報システムの稼働率 (= 1−システム停止時間/全時間) などのサービスレベルが保証されたサービスを利用したりするといった対策がある．集中的なアクセスが発生してサービスが使えなくなる事態 (悪意のある者

により意図的に行われる事態を特に **DoS** (Denial of Service) **攻撃**という) に対しても，防御策をあらかじめ講じておくことも有効だろう．

1.2.4 情報の適正な利用

(1) 著作物の適切な取扱い

　情報機器や記録装置がアナログからデジタルに変わったことで，情報の扱いは格段に容易かつ安価になり，しかも大量に保存できるようになった．スマートフォンで何でも気軽に写真を撮ったり，ネットから引き出した動画やソフトウェアなどをコピーやダウンロードして，それを自分の指先で呼び出せるようになった．

　しかし，自分の手元にあるからといって，それらの情報を自分の所有物と考えるのは早計である．情報には，オリジナルの作成者 (著作者) が存在し，その**著作物**に関する著作権は尊重しなければならない．著作物が自由に使える場合は，私的使用のための複製や引用などの場合に限られる[11]．

　個人情報や肖像 (顔や容姿) は，本人の許可なく使ってはならない．使用が認められたとしても，その情報を当初の目的とは異なる形で (悪用)，あるいは正当な理由のない状態で (濫用)，使われるべきものでもない．このようなことは言うまでもない常識のはずであるが，それらは個人情報保護法でわざわざ法律の条文として明文化されている (参照：個人情報のルール「① 取得・利用」)．これは，モラルがルールになった一例である．

　なお，使おうとしている情報が，自由に入手・加工・共有できる**オープンデータ**や「クリエイティブ・コモンズ・ライセンス」(**CC ライセンス**) であれば，比較的自由に扱うことができる．その場合であっても，その情報に記されている原作者に関するクレジット (名前，作品名，出典など) の明記といった規約は守らねばならない．

---

[11] 参照：文化庁　著作権制度の概要
https://www.bunka.go.jp/seisaku/chosakuken/seidokaisetsu/gaiyo/
chosakubutsu_jiyu.html

表示―非営利―継承
原作者のクレジット(氏名,作品タイトルなど)を表示し,
かつ非営利目的に限り,また改変を行った際には元の作
品と同じ組み合わせの CC ライセンスで公開することを
主な条件として改変や再配布も認めるという表示

図 1.13 CC ライセンスの一例
出所:`https://creativecommons.jp/licenses/`

(2) 情報の不正行為

　外部の者により情報セキュリティが侵され,情報の盗用や捏造^{ねつぞう}・改ざん[12]といった不正行為が行われてしまうことは防がねばならない.そして,それが内部の者によって引き起こされることもあってはならない.捏造や改ざんなどを自ら好んで行うことは,本来であれば考えづらい.しかし,期限や基準に間に合わせなければならないといった制約や圧力,自己の能力不足,また,異なる立場の者の間で生じる利害関係の衝突によって,捏造や改ざんは繰り返される.

　血圧を下げる薬であるノバルティスファーマ社のディオバン (2000 年販売開始) は他社の薬よりも優れた効能を発揮するという主張が,日本の研究グループによる論文として,複数の国際医学雑誌に掲載された.ところが,2012 年,それらの論文に記された血圧の統計分析で数値に奇妙な一致があることが指摘されると,論文が相次いで撤回された.さらに,2013 年,ノバルティスファーマ社の社員が大学非常勤講師として研究に関与していたことが明らかになると,厚生労働省は委員会を設けて検証を開始した.一部の大学が臨床研究データを廃棄していたため,検証は困難を伴ったが,それでも,翌 2014 年,厚生労働省の委員会が出した報告書では,ノバルティスファーマ社が奨学寄付金という形で大学を支援しながら組織として臨床研究にも関与していた事実を指摘した.収益を追求する製薬会社と公正な研究を行う大学との間で利害が相反する中で,データ改ざんの疑いが持たれるようになった.厚生労働省は,同年にノバルティスファーマ社を**薬事法**違反 (虚偽・誇大広告) として刑事告発,裁判は 3 年もの期間に及び,ノバルティスファーマ社社員による意図的なデータ改ざんがあっ

---

[12] 捏造とは本当はないことをあたかも事実としてあるかのように情報を作ること.改ざんとは文字や記録を書き換えること.

たという不正行為が認定された．ところが，論文は薬事法が規制する広告に該当しないということから，判決は無罪という結末となった．

その裁判が終わった 2017 年，国会では，法律としては初めてのものとなる**臨床研究法**が成立した．この法律では，臨床研究における監査や**利益相反**の管理，またデータの保存規定が盛り込まれた．これも，モラルとされていたことを社会的なルールとして定めなければならなくなった例である．

2005 年，建築物強度の審査が不十分なままの建物があるという報告が国土交通省に寄せられた．やがて全国のマンションやホテル 100 棟以上が補修や建て替えを迫られる事態に発展した構造計算書偽装事件は，社会に大きな動揺をもたらした．国土交通省の委員会で指摘された問題の 1 つは，国土交通大臣認定ソフトウェア「構造計算プログラム」であった．これが安易に利用されるようになったことで技術や倫理に劣った建築士が構造計算書を形式的に整えることができ，また，建築設計事務所による建築士の監督や構造計算書の検査機関による審査が形骸化していたために，建築確認の正確性が損なわれていったということが指摘された．他にも，建築技術の高度化・専門化で進んでいった分業制とコストダウンの要請の中で，構造設計者の役割が下請化していったという建築業界における構造的な問題も挙げられた．その後，国土交通省の委員会は，建築士や検査機関の能力向上や業務適正化，報酬基準の見直しなどの対策を求める報告書を取りまとめた．

情報・データに従事する者は，自らが負っている責任を十分認識するとともに，そのことが世の中に理解されるよう努め，社会的な役割を意識することも重要である．そのために，学会や業界団体などに参加したり，自らネットワークを組織したりすることは，有力な手段であろう．そのような活動を通して，自分自身のスキルや意識を高め，専門家集団としての発言力を向上させていくことができる (図 1.9「情報処理学会倫理綱領」参照)．

1.2.5 情報利用の死角

データ自身には良いも悪いもない．重要なのは，どのような目的のために，どのようにしてデータを利用するのか，ということである．研究や意思決定を行

う際，まず目的を明確に持つべきである．そして，その目的を実現するために
データの作成や収集，分析を行うことになるが，その際，以下のことに注意す
べきである．

(1)　フェイクニュース

　情報を利用する際，その情報源 (一次情報) をさかのぼり，そこにあるデータの
作成過程 (メタデータ) を理解することが肝要である．データの元が**標本調査**の
場合は，標本設計 (サンプリング・デザイン) や調査票も確認すべきである[13]．
データの内容を確認せずに利用することは，誤用や災いの元である．

　本物らしく見せかけた偽物の情報 (**フェイクニュース**) の蔓延は，近年の社会
的問題となっている．なかには，著名人が言ってもいないことをあたかもそう
発言しているよう見せる巧妙な動画も作成されている (**ディープフェイク**)．闇
雲な情報の転送やリツイートは，フェイクニュースの拡散に手を貸すことにな
るので，注意が必要である．フェイクニュースは，それを見ているだけでは真偽
はわかりにくいが，当の本人や組織が直接発信している公式情報を見にいくな
ど，情報リテラシーの基本動作である情報源の確認を心がけたい．

(2)　想定外の結果

　敵を知り己を知れば百戦危うからず．しかるに，目的を知りデータを知れば，
すべての分析プロジェクトは問題ないだろうか．分析の結果が届けられるその
先の人にとってどのように響くことになるのか，配慮が必要である．

　スーパーマーケットの目的は，商品を豊富に揃えて効果的に陳列・販売する
ことを通して，収益を追求することである．1990 年代半ばの情報通信革命は，
金額を扱うだけだった商品のレジ打ちを銘柄情報のバーコード入力に変え，ま
た，買い物客の会員制度を電算化することで，**POS** (Point Of Sale) データと
いう情報の鉱山が創り出された．米国のあるスーパーは，これを採掘すること
で，紙おむつとビールのパックという組合せが発見された[14]．この意外な組合

---

[13]　佐藤朋彦，『数字を追うな統計を読め ──データを読み解く力をつける』(日本経済新聞出版
社，2013)

[14]　当時**データマイニング**とよばれたこの手法は，スーパーマーケット (小売業) にとどまらず，
あらゆる産業で行われるようになり，今日のデータサイエンス時代の幕開けにつながってい
る．参照：https://www.kdnuggets.com/news/96/n08.html

せは，子育て中の男性買い物客にとって格好の「ついで買い」行動を誘う (ナッジする) 洞察であり，売上高の向上に大いに貢献した．

　スーパーによる採掘はその後も続き，そこで開発された**マーケティング**の 1 つは，顧客一人ひとりに寄り添った効果的なタイミングで案内を送るダイレクトメール (DM) 戦略だった．ところが，これは諸刃の剣だった．あるスーパーが開発した DM 戦略は購買分析に基づいた妊娠予想モデルを使って，無香料商品やカルシウムサプリメントなどを好んで購入する顧客に対して，申し出がなくても妊婦向けの乳児服やベビーベッドなどのクーポンを届けるというものだった．しかしこの DM 戦略は，ある家族のプライバシーを侵害したことで中断に追い込まれた．というのも，高校生の娘の妊娠を告げる DM を見て驚いた父親がスーパーに怒鳴り込んできたのである[15]．

(3)　データバイアス

　統計モデルの品質や結果の解釈を確かなものにするために，そのモデルのもとになるデータやアルゴリズムに関する十分な理解が必要である．その際，データの中に**バイアス** (偏り) が潜んでいないか，注意が必要である．

　企業にとって社員人事，すなわち採用・昇任の判断は，重大な経営課題の 1 つである．社員の職務履歴・勤務評定をもとに公平な人事を行うことは容易なことではなく，事務処理にも相当手間がかかるものであるため，その省力化を図るツールが開発されている[16]．ところが，ある会社が機械学習を活用した **HR ツール**の運用を始めたところ，その会社に勤める女性社員にとって不可解な処遇が多発するようになった．原因を調べてみるとそれは，そのツールがモデル構築のために訓練データに用いていた自社の人事データに行き当たった．もともとその会社の場合，社員割合は男性が多く，ただでさえ少ない女性の人事データは出産・育児のためにキャリア形成に中断が生じるケースが含まれていた．男性の職歴パターンに大きく影響された人事データに基づいて構築されたモデルでは，有能であっても職歴に中断を持つ女性に対して出される評価は納得感の

---

[15] 参照：https://www.nytimes.com/2012/02/19/magazine/shopping-habits.html
[16] 関連する技術のことを，Human Resources (HR, 人的資源) テックという．

得にくいものだった[17]．男性中心社会のデータをもとに作られた統計モデルが
はらむ**ジェンダーバイアス**の問題は，他にも都市計画や防災政策などあらゆる
ことに及んでいる[18]．

　機械学習を応用することで，農作物の形を画像認識させて出荷時の仕分けが
自動化できるようになり，肉体的に負担の重い仕事が省力化されるようになっ
た．しかし，機械学習の対象が農作物ではなく人間になると話が違ってくる．

　犯罪捜査に画像認識が導入されると，ここでも多数派でない者，人種的にマイ
ノリティの者にとって不当な扱いが行われるバイアスが指摘され，社会問題化し
ていった．米国での警察取締りにおける黒人への過剰暴力への抗議運動 (**Black
Lives Matter 運動**) が盛り上がる中，顔認証によるマイノリティの扱われ方
に批判が高まり，2020 年 6 月，アマゾン，IBM，マイクロソフトの各社は警察
向けに顔認証技術の提供取り止めを相継いで表明した．この中で，マイクロソ
フトのブラッド・スミス社長は，顔認証を統制する人権に基づいた国内法が整
備されない限り警察へ技術提供することはできない，と言明した[19]．

1.2.6　AI 社会の論点

　AI (人工知能) は私たちの社会の隅々まで勢いを増しながら行き渡りつつあ
り，これからも進化と深化を遂げていくだろう．しかし，AI の急速な普及は私
たちの生活にどのような影響を与えるのだろう．

　特に多い指摘は，AI が人間の雇用を奪うという不安である．19 世紀英国の蒸
気機関による産業革命は，人々を**肉体労働**という労苦から解放し生産性を劇的
に向上させたが，同時に，環境汚染や機械によって職を失った者によるラッダイ
ト運動 (機械打ち壊し騒動) を巻き起こした．今日，人手のかかる書類のデータ

---

[17] 参照：TED2017, キャシー・オニール「ビッグデータを盲信する時代に終止符を」
https://www.ted.com/talks/cathy_o_neil_the_era_of_blind_faith_in_big_
data_must_end/transcript

[18] 参照：Caroline Criado Perez (神崎朗子訳)『存在しない女たち —男性優位の世界にひそむ
見せかけのファクトを暴く』(河出書房新社，2020). この本の原題は，"Invisible Women:
Data Bias in a World Designed for Men" (見えない女性：男性のためにデザインされた
世界のデータバイアス).

[19] 参照：https://www.washingtonpost.com/technology/2020/06/11/microsoft-
facial-recognition/

入力や会議の発言録作成といった知的労働は，AI を応用したロボティック・プロセス・オートメーション (**RPA**) が取って代わりつつある．裁判判例の検索や医療画像の診断といった専門性が要求される分野にも，AI 導入がすでに進んでいる．将来的には，人類の能力を AI の能力が超える時点 (**シンギュラリティ**) が到来することを予期する声もある．データサイエンスは，AI のある社会の中でどう位置付け，未来をどうデザインしていくべきだろうか．

(1) パーフェクトな AI は存在しない

中国では，AI を活用した防犯カメラが街頭の各所に浸透しており，市民の暮らしを見守るとともに，違法行為の取締りを推し進めている．

その 1 つの実装例が，「行人闖红灯抓拍系统 (赤信号通行者全自動認識公開システム)」である．これは，**防犯カメラ**を使って信号無視をした歩行者を自動的に識別すると同時に，国民登録データベースに連動した顔認証により人物を特定して，その人の顔と名前を街頭モニターに映し出すという究極の取締システムである．

2018 年のある朝，浙江省寧波市の車通りの激しい交差点の取締システムは，横断するラッピング広告仕様のバスを検知した．より正確に言えば，そのバスの車体にポスター印刷されている女性が微笑んでいる顔を検知した．取締システムは，その顔の人物を董明珠 (ドン・ミンジュ) と特定し，その名前と国民登録の顔写真を交差点に面した百貨店の壁面大型モニターに交通違反者として表示した．ちなみに，その人物は，格力電器 (グリー・エレクトリック) という家電メーカーの社長であり，その会社の所在地は寧波市から南西 1000 km 離れた広東省珠海市である．

AI によるこの取締劇は，即座に中国国内のソーシャルメディアで大きな話題となった．この日の夕方になって，地元の交通警察は顔認識に誤りがあったことを認め，システムを全面改修すると表明した．しかし，ここで考えてほしい．システムの誤りはどうしても生じるものであり，誤り率をゼロにする完全無欠でパーフェクトな AI は，現実的ではない．そして，システムを導入する街が増え対象とする人口が拡大していけば，誤り率がどれだけ小さくとも，誤判定を皆無にすることは望みようがない．

社会の仕組みを，人がまったく関与しないまま AI へ任せ切りにしてしまうと，

特に人間に関わることを任せてしまうと，AI がとんでもない判断を下したとき
に，取り返しのつかないことにもなりかねない．AI の導入は，それによって生
じるあらゆる事態に責任を取ることができるのか，十分な考慮が必要である．

(2)　常識・良識の学習

　AI は，深層学習 (Deep Learning) や強化学習 (Reinforcement Learning) に
より，学習するプロセスを高度化・自律化させており，特定の分野に限れば，
AlphaZero[20)] のように，人の能力を凌駕するものもある．だからといって，AI
は全知全能なものになれるだろうか．

　人は，生まれてから成人するまでの間，保護者や学校，社会を通じて世界を
認識し学びとっていき，経験と知識を蓄積していく．仮に，AI にこの世のあり
とあらゆる映画を見せることで学習させれば，人間の成長や社会生活を学ばせ
ることができるだろうか．それでも，生身の顔と顔の画像を区別するという分
別を AI が映画から習得することは期待できないだろう．

　実際，AI に東京大学の入学試験問題を解かせようとするプロジェクトでは，
常識が壁になった．人間の自然な欲求 (たとえば，ほどけた靴の紐はさっさと結
び直しておきたい) は AI にはわからないため，正答にたどり着くことができな
い文章問題がどうしても残ってしまうのであった[21)]．

　データやアルゴリズムに入り込んでくるバイアスに対して，人としての良識を
どう保つか，という点にも注意が必要である．2016 年，マイクロソフトは自然
言語処理を習得させた AI チャットボット Tay をインターネット上にリリース
した．Tay はミレニアム世代の少女という設定であり，ネットデビューした彼
女は，自分を取り囲む人々とのチャットを通して現実世界のリアルなコミュニ
ケーションを無批判に吸収していった．ほどなくして Tay は**ヘイト**発言を乱発
する毒舌家になってしまい，この状況を受けてマイクロソフトは Tay をリリー
ス後わずか 16 時間で終了させた．

[20)] 1.1.3 項で紹介した AlphaGo の後継ソフト．
[21)] 参照：新井紀子，『AI vs. 教科書が読めない子どもたち』(東洋経済新報社，2018)．この本
は，一方で，自然言語処理能力を備えた AI と比較して，論理的な文章読解能力 (リーディン
グスキル) が劣る人が多いことを実証的に明らかにして，人の仕事が AI によって奪われかね
ないことに警鐘を鳴らしている．

(3)　文化・価値観の尊重

　日本政府は，かつて，いわゆる長者番付を発表していた．これは，高額納税者による国や地方の財政的貢献を社会的に讃えようとする意図で行われていたものであった (他にも，人の目に晒されることで脱税をけん制しようとする効果も期待された)．ところが，1947 年に始まるこの習わしは，プライバシー意識の高まりから次第に疑問を呈されるようになり，2005 年に廃止された．人の意識はこのように時代によって変わり，また，国や地域によっても変わる.

　ところが，現代の中国では長者番付に似たような制度が存在しており，人民によって問題にされることはほとんどなく受け入れられているという．そのような文化の下で，AI 信号無視取締システムは，改善を重ねながら今も稼働している.

　日本では，防犯カメラで歩行者を撮影し信号無視をする者を特定することは，法律がそれを認めていない．容貌は個人情報保護法が保護対象とする「個人情報」であり，町なかの歩行者の容貌を撮影してそれを交通取締りの目的に利用することは，そのことを周知なしに行うことはできないからである．米国では，上述のとおり，企業が警察向けの顔認証技術の提供を自主的に取り止めている.

　文化や価値観が異なる国や地域を相手にしながら，私たちの社会を発展させていくためにどうすればよいだろうか[22]．**教育科学文化機関 (UNESCO)** において AI 倫理に関する世界的対話が継続的に行われているが，並行して国際機関や多国間対話での政策文書が作られている．日本も加盟国である**経済協力開発機構 OECD** は，2019 年 5 月，包摂的成長や人間中心の価値観，透明性，説明責任などを掲げた「AI に関する OECD 原則」を採択した (図 1.14)．翌 6 月の大阪 **G20** 首脳会議では，この OECD の AI 原則を引用して「拘束力を有さない G20 AI 原則」として歓迎することを宣言した．中国は OECD 原則ではなく，拘束力を有さない G20 原則に参画している.

(4)　人間中心の AI 社会

　米国のスーパーマーケットで一時停止に追い込まれた DM 戦略には，後日談がある．クーポン対象商品を見直して，いろいろな日用雑貨の中に乳児服やベビーベッドを入れ込んで DM を送るようにしたのである．このように変更した

---

[22] 個人データの越境移転に関する国際的な議論については，1.2.2 項 (4) 参照.

AI に関する OECD 原則の概要

1. AI は，包摂的成長と持続可能な発展，暮らし良さを促進することで，人々と地球環境に利益をもたらすものでなければならない．

2. AI システムは，法の支配，人権，民主主義の価値，多様性を尊重するように設計され，また公平公正な社会を確保するために適切な対策が取れる—たとえば必要に応じて人的介入ができる—ようにすべきである．

3. AI システムについて，人々がどのようなときにそれと関わり結果の正当性を批判できるのかを理解できるようにするために，透明性を確保し責任ある情報開示を行うべきである．

4. AI システムはその存続期間中は健全で安定した安全な方法で機能させるべきで，起こりうるリスクを常に評価，管理すべきである．

5. AI システムの開発，普及，運用に携わる組織及び個人は，上記の原則に則ってその正常化に責任を負うべきである．

図 1.14 AI に関する OECD 原則

出所：OECD ウェブサイト

https://www.oecd.org/tokyo/newsroom/forty-two-countries-adopt-new-oecd-principles-on-artificial-intelligence-japanese-version.htm

DM 戦略は静かに功を奏し，利益は以前の数字を上回っていった．データサイエンスの分析結果と，人間だから発想できるアイディアを合わせることで，世間に受け入れ可能な解決策 (ソリューション) を生み出したのである．

　AI 社会では，人間としての常識と良識，人間中心の価値観を養い発想力を発揮することが，一層重要な価値を持つ．

　データサイエンスについて学ぶ中で，どのような未来をデザインしていくのか，幅広い視野と関心を持ってほしい．

コラム 「計算資源」

　米国の研究者が提出したある論文[23]は，途方もないボリュームの訓練データを機械学習させるために必要な電力消費により生じる**カーボンフットプリント** (二酸化炭素排出量) が，米国で 1 人の人間が 1 年間の生活で排出する量に換算して何年分に相当するのかを論じている．その上で「計算資源」を現実の自然環境の中に包摂する形で定義し直し，その平等な利用を訴えている．

　ビッグデータの利用は地球環境にリンクしているのである．データサイエンスをどう運用するか．このことは，持続可能な開発の観点からも考えなければならない．

---

[23] E. Strubell et al. (2019). Energy and Policy Considerations for Deep Learning in NLP, *Proceedings of the 57th Annual Meeting of the Association for Computational Linguistics*, 3645-50.

課題学習

1.2-1　CC ライセンスに関する 4 つの基本要素，表示・非営利・改変禁止・継承について調べよ.

1.2-2　インターネットのウェブサイトを利用するユーザの閲覧履歴は，**cookie** という情報により記録されている. そのような中で，2019 年，求職学生のための就活支援サイトにおいて cookie が意図しない形で使われたことが社会問題化し，再発防止策が翌 2020 年に改正された個人情報保護法に反映された. どのような事案が起きどのような対策がルール化されたのか調べよ.

1.2-3　データサイエンティストが，AI チャットボットを開発・運用するにあたり，どのようなことに留意すべきか，考えを述べよ.

1.2-4　国連による**持続可能な開発目標 (SDGs)** が掲げる 17 のゴールの観点では，本節での議論は右の下線の 9 つに及んでいる. また，下線のないものにも関わり合いはある. それぞれのゴールについて，データサイエンスが貢献できること，配慮すべきことについ

1	2	3	4	5	6
7	8	9	10	11	12
13	14	15	16	17	

て，考えを述べよ. SDGs については次のウェブサイトを参考にせよ.

　　外務省 SDGs サイト

　　　`https://www.mofa.go.jp/mofaj/gaiko/oda/sdgs/index.html`

1.3 データ分析のためのデータの取得と管理

1.3.1 データ分析の対象や目的の設定

　データを分析するプロセスはおおまかに「課題やデータを見つける」,「データを解析する」,「解析結果を利用する」からなる. 最初に分析のためのデータが必要であるが, このデータを「見つける」能力を身につけるにはデータ分析の経験が必要であり, 課題に基づいて最適なデータを収集し適切な分析手法を選択する能力が求められる. データ分析の初心者は, 自分で対象を観察してデータを収集したり, インターネットで提供されるデータを利用したりするところからはじめるのがよい.

　自分でデータを収集するためには, まず対象を観察し, データを記録するというプロセスを経る. データの対象として, たとえば交通量や野鳥の数, 気温, 湿度などがある. 対象を漠然と観測するだけでは不十分で, ノートとペンを使って記録したり, パソコンやスマートフォンなどに記録したりする. ノートに書かれたデータはアナログ

図1.15 データを記録する

データとよばれ, ノートパソコンなどに記録して, デジタルデータに変換することで, 保存や分析を柔軟に行うことができる.

　データの保存にはノートパソコンやスマートフォンが用いられるが, **クラウド**とよばれるインターネット上にデータを保存する方法も用いられることが多くなっている. たとえば, IoT デバイスからデータを取得・利用する際に, クラウド上にデータを直接記録する方法が用いられる. 農業で IoT デバイスを用いる場合, さまざまなセンサーを用いて, 定期的・継続的に温度, 湿度, 日照量, 用いる水量などを観測する. このようなデータはパソコンを用いて記録するよりも, クラウド上でデータを記録・管理するほうが便利であり, 信頼性も高い. また, IoT デバイスの設置現場でデータを活用するエッジコンピューティングも注目されている.

1.3.2 データの形

デジタルデータは，マイクロソフト社の表計算ソフトウェア Excel では**リスト**(表 1.1) や表 (図 1.16) といった形式で扱われる．また R や Python などのデータ分析プログラミングでは**データフレーム**とよばれる，表形式に準ずるデータ形式が用いられる (図 1.17).

リストは同じ形式 (数字や文字など) のデータの集まり，表はリストの集まりである．数学的に例えると，リストはベクトル，表は行列に対応する．データサイエンスの最新の手法である機械学習や深層学習では行列を用いた表現が多

表 1.1 ある温泉の入場者数リスト

曜日	月	火	水	木	金	土	日
入場者数	90	0	112	81	100	89	73

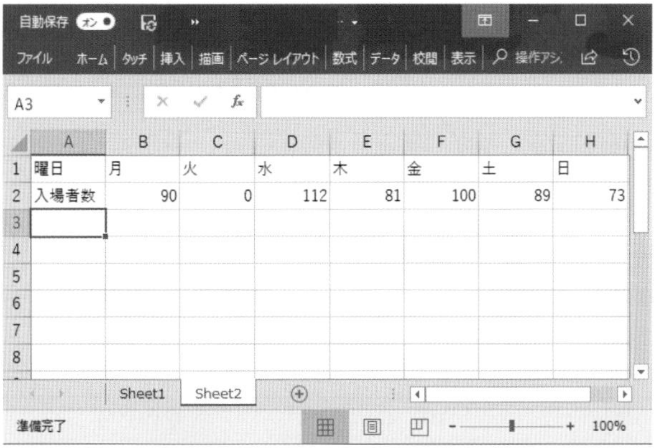

図 1.16 Excel 表のイメージ

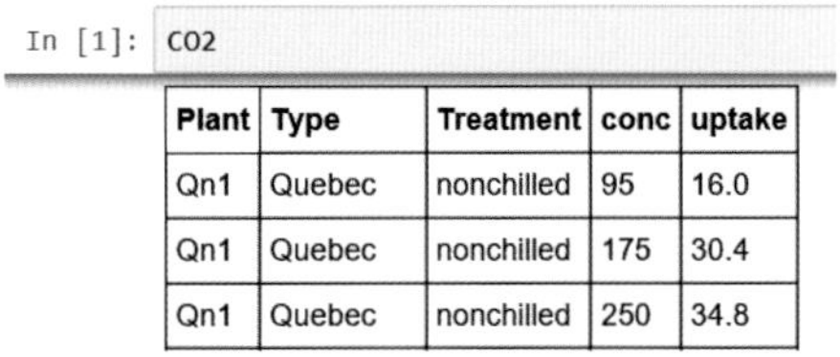

Plant	Type	Treatment	conc	uptake
Qn1	Quebec	nonchilled	95	16.0
Qn1	Quebec	nonchilled	175	30.4
Qn1	Quebec	nonchilled	250	34.8

図 1.17 データフレーム (二酸化炭素の年間排出量)

く用いられる.

プログラミングの世界では,データは配列やデータフレームという形で表現される.これらの表現をプログラミングとあわせて学び,場合に応じて使いこなせるようになることが望ましい.図 1.17 は統計解析言語 R に組み込まれている二酸化炭素排出量のデータ $CO2$ のデータフレーム表現である.各列はそれぞれデータの項目を表し,1 行目に項目名が,2 行目以降に値が格納される.

1.3.3 データの容量

データの容量を表す単位には,最小単位の**ビット** (bit) と基本単位の**バイト** (byte) がある.1 ビット (1 bit) は 1 桁の 2 進数 (0 か 1 か) を使って表すことのできる情報の量であり,1 バイト = 8 ビットである.1 バイトは 1 B とも表す.デジタルデータでは半角文字の 1 文字が 1 バイトで表現される.漢字や画像,音声データもデジタルデータの容量はすべてバイトまたはビットで表される.

大きなデータの容量はキロやメガなどの接頭辞を用いて表す.1 キロバイト = 10^3 バイト[24),1 メガバイト = 10^3 キロバイト というようにデータのサイズは大きくなり,同様にしてギガバイト,テラバイト,ペタバイト,エクサバイト,ゼタバイト,ヨタバイトと続く (表 1.2).

実際のデータとの対比でデータのサイズを説明する.1 メガ (100 万) バイトはデジタルカメラやスマートフォンで撮影した写真 1 枚程度のサイズである.1

表 1.2 データの単位表示[25)

単位記号	10^n B	容量の目安
MB (メガバイト)	10^6 B	デジタルカメラで撮影した写真 1 枚
GB (ギガバイト)	10^9 B	映画 1 本
TB (テラバイト)	10^{12} B	PC のハードディスク
PB (ペタバイト)	10^{15} B	商用巨大サーバ
EB (エクサバイト)	10^{18} B	1 日あたりの全世界のデータ流通量
ZB (ゼタバイト)	10^{21} B	全世界のデータ量 (2020)
YB (ヨタバイト)	10^{24} B	
RB (ロナバイト)	10^{27} B	
QB (クエタバイト)	10^{30} B	

[24) $2^{10} (= 1024)$ が 10^3 に近いことから,情報の分野では 2^{10} をキロとよぶこともある.
[25) 2022 年の国際度量衡総会で新たに「ロナ」,「クエタ」などが採択された.

ギガ (10 億) バイトは 1 本の映画の動画ファイルのサイズ，1 テラ (1 兆) バイト
は PC のハードディスクのサイズ，そしてビッグデータ級のサイズとなるのが
1 ペタバイト以上である．商用の巨大サーバのサイズはペタ級であり，1 日あた
りの全世界のデータ流通量は 10 エクサバイト程度である．また 2020 年の全世
界のデジタルデータの総量は 59 ゼタバイト程度といわれている．ビッグデータ
の実量は計測するのが難しく，またデータ量が日々増加しているため，上記の
サイズはおおまかな値であることに注意してほしい．

1.3.4　大規模なデータの利用

　データの量が増えてくるとコンピュータ上でのデータ管理が面倒になる．デー
タ量の問題だけでなく，さまざまな性質のデータを扱う必要も生じてくる．この
ような場合，データベース管理システムを使うことで，大規模なデータの管理が
容易となる．代表的なものが **RDB** (**関係型データベース**) である．RDB では，
データ構造は表形式として扱われ，複数の表間で関係する要素の結合や参照が行わ
れる．RDB では複数の表から新しい表を作り，分析することもできる (図 1.18).

関係づけ

取引記録の表

取引番号	顧客 ID	商品コード	個数
10001	C0101	X-03	1
10002	C0101	X-02	2
10003	C0101	X-01	1
10004	C0200	Y-15	3
10005	C0001	A-20	1
10006	C0002	X-02	5

商品リストの表

商品コード	商品名	単価
A-20	バーコードリーダ	15000
X-01	VGA ケーブル	1000
X-02	DVI ケーブル	1000
X-03	HDMI ケーブル	3000
Y-15	CD-RW	500

取引番号	顧客 ID	商品コード	商品名	単価	個数	総額
10001	C0101	X-03	HDMI ケーブル	3000	1	3000
10002	C0101	X-02	DVI ケーブル	1000	2	2000
10003	C0101	X-01	VGA ケーブル	1000	1	1000
10004	C0200	Y-15	CD-RW	500	3	1500
10005	C0001	A-20	バーコードリーダ	15000	1	15000
10006	C0002	X-02	DVI ケーブル	1000	5	5000

図 1.18　複数の表から新しい表を作成する

複数の表間で関係する要素は，キーとよばれるもので関連付けられ，キーを使って複数の表から新しい表を作成することができる．**SQL** とよばれる標準的なデータ問い合わせ言語でこのような処理やデータ検索ができる．SQL はデータの操作や定義を行うように設計されており，Python など他の言語からも利用できる．

これまではデータベースシステムとして RDB とその問い合わせ言語である SQL が一般的に用いられていたが，最近はビッグデータの利用が増え，新しいデータベースシステムが使われるようになっている．また，クラウド上でデータベースを利用する例も増えている．以前は，データベース管理システムを利用するためには，専用のサーバコンピュータが必要であったが，クラウド上のデータベースを使うことで，安価かつ簡単にデータベース管理システムを利用できるようになった．

ビッグデータを扱うために **NoSQL** とよばれるデータベースがしばしば使われる．図 1.19 は NoSQL の 1 つであるグラフ型データベースのデータ構造を表現したものであり，データ間の関係を直感的に理解できるようになっている．

ペタバイト級のデータ処理に対応している **Hadoop** や Spark といった大規模データの分散処理技術もあわせて利用される．Hadoop では HDFS (Hadoop Distributed File System) とよばれるファイルシステムが用いられており，ファイルを分割して複数のコンピュータで管理することでペタバイト級のデータを処理できる．

図 1.19   グラフ型データベース

1.3.5　データの取得方法

インターネットからのデータ入手方法として，日本政府が提供している統計の総合窓口である **e-Stat**（イースタット）26)と官民ビッグデータ利用を目指したサービスである **RESAS**（リーサス）27)を説明する．また，インターネット上のデータを利用するための方法をいくつか紹介する．

e-Stat は政府統計の総合窓口であり，さまざまな統計データが Excel ファイル，CSV ファイル28)，データベース，さらに他のアプリケーションから呼び出すための API の形で利用できる．たとえば都道府県別人口などである．また国立社会保障・人口問題研究所のホームページからは『日本の地域別将来推計人口』のデータがダウンロード可能である29)．図 1.20 は同データ（平成 30 年 3 月推計）を用いて，岐阜市 2025 年予測人口の人口ピラミッドを作成した例である．同データは 2020 年から 40 年までの 5 年ごとの人口を，都道府県別，市町村別で予測したものであり，自治体の将来の人口規模，経済規模を考えるにあ

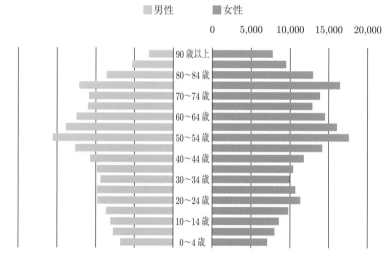

図 1.20　岐阜市 2025 年人口ピラミッド

---

26) e-Stat 政府統計の総合窓口：`https://www.e-stat.go.jp/`
27) RESAS 地域経済分析システム：`https://resas.go.jp/`
28) Comma-Separated Values，項目をカンマで区切って記録したファイル．
29) 『日本の地域別将来推計人口（平成 30 (2018) 年推計）』：
　　`http://www.ipss.go.jp/pp-shicyoson/j/shicyoson18/t-page.asp`

たり,有用である.

RESAS は官民ビッグデータを提供する地域経済分析のためのウェブシステムであり,内閣府が管轄し,多くの省庁といくつかの企業がデータを提供している.産業構造や人口動態などのデータを集約し,サイト内でグラフなどを使って容易にデータを可視化できる.RESAS ではユーザ登録の必要はなく,誰でも利用できる (利用方法についてはガイドブックなどを参照)[30].

図 1.21 は栃木県の農業経営者の年齢構成図 (2010, 2015 年) の比較である.データの出典は農林水産省「農林業センサス」であり,RESAS 上でデータを加工したものである.

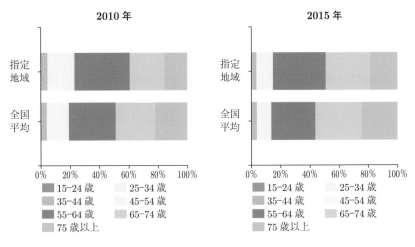

図 1.21 栃木県の農業経営者の年齢構成図 (2010, 2015 年) の比較

インターネットで利用可能なデータとして株価の推移などの金融データや,データ分析コンペサイトで提供されるコンペ用のデータなどがある.主なコンペサイトにはアメリカの Kaggle [31],日本の SIGNATE [32]などがある.

Yahoo!ファイナンスなどで提供される株価データは,ブラウザから直接データをコピーして用いることができる.ウェブページは HTML (ウェブページを作成するためのマークアップ言語) という形式で管理・記述されていることが多

---

[30] たとえば,日経ビッグデータ,『RESAS の教科書』(日経 BP 社,2016)

[31] Kaggle : https://www.kaggle.com/

[32] SIGNATE Data Science Competition : https://signate.jp/

く，Excel の表に近い構造を表現できる．そのためブラウザから直接，Excel に
データをコピーすることが可能である．また Excel ファイルや CSV ファイルを
ダウンロードすることが可能なサイトもある．CSV 形式のファイルはテキスト
データであり，他のソフトウェアからも使いやすい．

　グーグルマップのリアルタイム検索では，アプリケーションを作成しやすくす
るため API とよばれるライブラリ呼び出し方法が提供されている．また Python
などのプログラムを用いて，直接インターネットからデータを取得することもでき
る．この技術を**ウェブクローリング**，あるいは**ウェブスクレイピング**とよぶ．大
まかに説明すれば，クローリングは複数のウェブサイトから HTML の構造をもつ
データを探す技術であり，スクレイピングは必要なデータを取得する技術である．

　たとえば，彦根城の入場者数 (曜日, 時間別) のデータを直接取ろうとすると，毎
日かつ 1 日中入場者の人数をカウントする必要がある．しかし，スマートフォンな
どの GPS 機能を用いれば，いつ，どこに，何人の人がいたかを簡単に集計できる．

　このデータを，グーグルマップを使って取得してみる．図 1.22 のように，グー
グル検索で「彦根城」と入力するだけで，簡単に入場者の集計データを見るこ
とができる．グーグルの API と数行の Python コードで CSV 形式のファイル
として入場者数のデータを取得できる (図 1.23)．彦根城を表すグーグルマップ
の ID を別の施設の ID に変更することで，さまざまな場所での入場者数 (曜日,
時間別) を得ることができる．

図 1.22　グーグルマップのデータ表示 ⓒ Google

Time	Monday	Tuesday	Wednesda	Thursday	Friday	Saturday	Sunday
0	0	0	0	0	0	0	0
1	0	0	0	0	0	0	0
2	0	0	0	0	0	0	0
3	0	0	0	0	0	0	0
4	0	0	0	0	0	0	0
5	0	0	0	0	0	0	0
6	0	0	0	0	0	0	0
7	0	0	0	0	0	0	0
8	0	0	0	0	0	0	0
9	11	0	5	0	5	0	0
10	17	0	13	1	15	3	7
11	19	0	21	9	17	13	21
12	17	0	17	11	11	28	34
13	17	0	15	9	15	30	36
14	21	0	17	13	25	36	44
15	26	0	19	19	32	51	69
16	30	0	17	23	34	51	82
17	34	0	15	23	34	34	61
18	44	0	28	42	42	42	55
19	55	0	71	100	59	73	82
20	44	0	73	86	53	61	57
21	0	0	0	0	0	0	0
22	0	0	0	0	0	0	0
23	0	0	0	0	0	0	0

図 1.23　グーグルマップから得られる彦根城の入場者数 (曜日，時間別)

　近年，データの利活用を促進するために，データを誰でも利用できる形で公開する動きが加速している．このようなデータを**オープンデータ**とよぶ．オープンデータは，CSV 形式などプログラミングで処理しやすい形式を持ち，自由に再利用できるようになっている．e-Stat のデータやグーグルの公開しているデータはオープンデータである．

1.3.6　データの前処理
　実際にデータ分析をはじめると，データが欠損あるいは欠測していたり，異常な値があったりといった問題にぶつかる．これらは統計的な分析をするために，解決しておかなければならない問題である．**欠損値** (欠測値) は「値がない状態」，**異常値**は「ありえない値」を指す．明らかな異常と判定できなくても，他の値から大きく離れた値は**外れ値**とよばれる．外れ値は慎重に扱う必要がある．欠損値も欠損の理由がさまざまであり，慎重に扱う必要がある．異常な値があれば，その値の修正が可能かどうか，もし修正できない場合は取り除くこ

とが可能かどうかを検討する必要がある．また，欠損がある場合はその値を補間できるかどうか，または取り除くかを検討する必要がある．

表 1.1 では温泉は火曜日が休館日であるため，入場者数は 0 と記録されている．入場者数の平均値を求める場合は，休館日の値を 0 とするかしないかで値が変わってくる．またこの温泉の 1 日の入場者数が 100 万人であるという記録があれば，この値は明らかに異常な値であり，修正が必要である．

データの重複や誤記，表記の揺れなどもデータの前処理の対象となる．たとえば，斎藤 (さいとう) の「斎 (さい)」の字には他に 30 種類を超える漢字が使われている (図 1.24)．名簿の登録時に間違って別の漢字で登録した場合，

斉齊斉齊齋齋齋齋齋齋
斎斎齋齋齋齋齋齋齋齋
齋齋齋齋齋齊齊齋齋齋
齋

図 1.24　「斎」の異体字

複数の保存場所 (レコードなどとよばれる) に同じ人間のデータが存在することになってしまう．そのため同じ人間のレコードをまとめる名寄せとよばれる作業が発生する．このようなデータの不整合性に対する対処を**データクレンジング**とよぶ．

国民年金記録や各種の健康保険データで同じ人間が複数の住所や名前で登録されている例がしばしば見られる．全角文字と半角文字の違いや，空白文字や区切り記号の有無などが主な原因である．その他，データの匿名化など個人情報への配慮も重要な前処理である．

課題学習

1.3-1　自分のもっている電子デバイス (スマートフォンなど) のメインメモリの容量を調べよ．また，1 枚の画像ファイルの容量が 10 MB とすると，その電子デバイスのメインメモリの容量は画像何枚分になるか求めよ．

1.3-2　e-Stat から「年齢 (5 歳階級)，男女別人口–総人口，日本人人口」の平成 27 年国勢調査結果確定人口に基づく推計データを CSV 形式でダウンロードし，Excel もしくはテキストエディタに読み込んでデータを確認せよ．

1.3-3　RESAS のホームページから「メインメニュー」＞「人口マップ」＞「人口構成」と移動し，特定の都道府県の人口ピラミッドを確認せよ．

1.3-4　自分や友人の名前の漢字表記に何通りの読み方があるか調べよ．また，その名前に使われている漢字に「斎」のような異体字がどれだけあるか調べよ．

第 2 章
データ分析の基礎

　本章では，データを図で可視化する方法と，数値で表現する方法を紹介する．ヒストグラム・箱ひげ図・散布図は，数値データを図で表す．大量のデータも図で表せば，目で見て直感的にデータの傾向や特性が把握できる．次に，平均値・分散・標準偏差・相関係数などの数値指標の計算法とその解釈の仕方を紹介する．データを少数の値で表せば，傾向を定量化できる．複数の量の間の関係を数式で表し，図示する回帰直線についても説明する．

　また，データの取り扱いにはさまざまな注意が必要になる．そこで本章の最後では，データの分析で注意すべき点についても説明する．

　表 2.1 は彦根市の 1988 年から 2017 年の各年 10 月 1 日の 30 年間の最低気温である．データは気象庁のウェブサイト[1]から取得した．この表から 10 月 1 日の気温についてどんな傾向が読み取れるだろうか．それは他の日と比較しなければわからない．表 2.2 は彦根市の同じ期間の 12 月 1 日の最低気温である．この 2 つの表を比べると何がわかるだろうか．10 月 1 日より 12 月 1 日のほうが全体に気温が低そうに見える．しかし，それは本当だろうか．また，そうだとしてそれはどの程度だろうか．

　実世界にはさまざまなデータがある．多くの場合，実際のデータは膨大すぎて，全貌を把握できない．表 2.1 と表 2.2 はそれぞれたった 30 個の気温を含むだけのデータだが，それでも把握して比較するのは容易ではない．データを把握できなければ，有効に活用できない．そこで，データを分析し，活用するた

---

[1] http://www.data.jma.go.jp/gmd/risk/obsdl/index.php

表 2.1　彦根市の 1988 年から 2017 年の 10 月 1 日の最低気温 (℃)

1988	1989	1990	1991	1992	1993	1994	1995	1996	1997
15.2	12.0	19.8	17.5	15.8	14.4	20.3	18.2	15.4	11.9
1998	1999	2000	2001	2002	2003	2004	2005	2006	2007
22.6	20.2	17.7	18.6	18.1	11.3	14.9	19.9	16.2	17.6
2008	2009	2010	2011	2012	2013	2014	2015	2016	2017
17.7	17.7	14.7	14.7	19.4	20.0	20.3	15.4	19.8	12.1

表 2.2　彦根市の 1988 年から 2017 年の 12 月 1 日の最低気温 (℃)

1988	1989	1990	1991	1992	1993	1994	1995	1996	1997
3.6	3.0	11.8	6.8	7.6	10.4	5.1	3.0	−1.3	4.4
1998	1999	2000	2001	2002	2003	2004	2005	2006	2007
7.3	6.2	5.8	5.8	6.3	12.1	3.9	4.1	5.7	5.8
2008	2009	2010	2011	2012	2013	2014	2015	2016	2017
2.6	4.6	5.7	7.3	4.5	3.2	8.3	5.2	8.6	6.2

めに，データを直感的に把握する方法が必要となる．データを直感的に把握するためのさまざまな方法が開発されているが，その中でも基本的で有用な方法を本章では紹介する．

2.1　ヒストグラム・箱ひげ図・平均値と分散

2.1.1　ヒストグラム

データサイエンスでは個数や長さのようなデータも，性別や生物の種のようなデータも扱う．個数や長さのような数量 (10 個，25 cm) を表すものを**量的データ**，性別や生物の種のような数量ではない分類項目 (女，ハクチョウ) を表すものを**質的データ**という．

個数や長さは「A は B より 3 個多い」，「C は D より 4 cm 長い」のように差で表せる．また，「5 倍の個数」，「2 倍の長さ」のように倍数でも表せる．このようなデータ間の差と比がともに意味をもつ量的データを**比例尺度**という．これに対して，今日の気温は 10℃ だから昨日の 2℃ より 8℃ 高いとはいえるが，5倍だとはいわない (もしいえたら −6℃ なら −3 倍になってしまう)．また，午後 5 時は午後 2 時の 3 時間後だが，2.5 倍ではない (しかし「5 時間は 2 時間の

2.5 倍」とはいえる). これらのようなデータ間の差は意味をもつが, 比は意味をもたない量的データを**間隔尺度**という. 量的データには個数のように整数にしかならない**離散データ**と長さのように小数にもなる**連続データ**がある.

「小さい・中ぐらい・大きい」や「とてもよい・ややよい・やや悪い・とても悪い」は質的データである. これらのように大小・前後が決まる質的データを**順序尺度**という. これに対して,「男・女」や「ハクチョウ・カワラバト・ゴイサギ」のような順序のない質的データを**名義尺度**という.

ヒストグラムは量的データの分布の傾向を表すグラフである. 値を 0 以上 10 未満, 10 以上 20 未満, 20 以上 30 未満, ⋯ などの区間に分けて, それぞれの区間に含まれるデータの個数を棒の長さで表す. ヒストグラムを使えば, データの値の散らばり方の傾向を見られる.

図 2.1 はヒストグラムの例である. ヒストグラムでは, それぞれの区間に含まれるデータの個数 (**度数**, **頻度**) を棒の長さで表す. 棒の長さは相対度数 (度数/合計数) を表すこともある. たとえば, このヒストグラムからは, 60 以上 65 未満の値をもつデータが 10 個あることが読みとれる. このように, ヒストグラムを使えばデータの値がどのように散らばっているのかを直感的に把握できる. 連続データのヒストグラムは棒と棒を隙間なしで並べる.

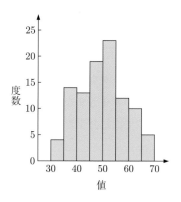

図 2.1　ヒストグラムの例

さまざまなデータについてヒストグラムを描いてみると, 散らばり方もさまざまであることがわかる. たとえば, 図 2.2 A と図 2.2 B を比べてみよう. 図 2.2 A のほうが図 2.2 B よりも散らばりが小さいことがわかる. 散らばりが小さい場合は, 散らばりが大きい場合に比べて棒のある範囲が狭くなる. また, ヒストグラムが左右に偏った形になることもある. 図 2.2 C では小さな値にデータが集中しているが, 大きな値をとるものも少数存在することがわかる. このような散らばり方を「**右に裾を引いている**」という. 左右逆にした形ならば「左に裾を引いている」という. また, ヒストグラムが図 2.2 D のような形になる

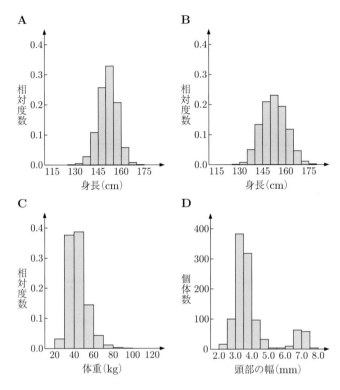

図 2.2　さまざまな形のヒストグラム．A：散らばりが小さい，B：散らばりが大きい，C：右に裾を引いている，D：二峰性．A は 12 歳女子の身長，B は 12 歳男子の身長，C は 12 歳男子の体重で，いずれも平成 29 年度学校保健統計調査による (https://www.e-stat.go.jp/stat-search/files?tstat=000001011648)．D はギガスオオアリの働きアリの頭部の幅の分布 (Pfeiffer M. & Linsenmair K. E., 2000) で，小型働きアリと大型働きアリ (兵アリ) に分かれていることがわかる．

ともある．図 2.2 D のヒストグラムでは，山が 2 つあるように見える．このような場合を**二峰性**という．2 つ以上山がある場合を**多峰性**ともいう．逆に，山が 1 つの場合 (図 2.2 A, B, C など) を**単峰性**という．

　図 2.3 は 1988 年から 2017 年の 30 年分の彦根市の各年 10 月 1 日，11 月 1 日，12 月 1 日の最低気温のヒストグラムである．10 月 1 日と 12 月 1 日のデータは表 2.1 と表 2.2 に示したものと同じである．これらのヒストグラムを比較すると，10 月 1 日，11 月 1 日，12 月 1 日の順に気温が下がっていることがわか

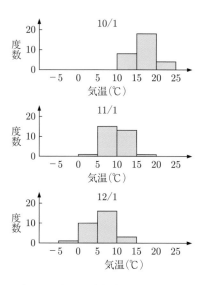

図 2.3　1988 年から 2017 年の 30 年分の彦根市の 10 月 1 日，11 月 1 日，12 月 1 日の
最低気温のヒストグラム

る．また，このヒストグラムからは 12 月 1 日には氷点下となった日があること
が読みとれる．ヒストグラムは表よりデータの傾向をはるかに把握しやすい．

　図 2.3 の 3 つのヒストグラムでは，横軸の範囲をすべて揃えてある．10 月 1
日は 10 ℃ 未満の日はなく，12 月 1 日は 15 ℃ 以上の日はない．そこで，10 月
1 日は横軸を 10 ℃ から 25 ℃，12 月 1 日は −5 ℃ から 15 ℃ にすることもでき
る．しかし，横軸の範囲をグラフごとに変えてしまうと比較が難しくなる．その
ため，図 2.3 のように，類似のデータを比較するための複数のヒストグラムを並
べる場合は，横軸の範囲を揃えるのがよい．また，縦軸の範囲も揃えておいた方
が読みとりやすくなる．図 2.3 の 3 つのヒストグラムの縦軸は 0 から 20 だが，
もし 1 つだけ縦軸が 0 から 30 だとすると，度数の比較が難しくなる．このよう
にヒストグラムなどのグラフは比較をしやすくするように工夫する必要がある．

　ここで，区間の数の決め方を説明しておこう．図 2.3 の 3 つのヒストグラム
は，5 ℃ 刻みの 6 個の区間に分けられている．同じデータをヒストグラムにす
るときに，10 ℃ 刻みの 3 個の区間に分けてもよいし，2.5 ℃ 刻みの 12 個の区
間に分けてもよい．しかし，区間の分け方が大まかすぎてはデータの様子がわ

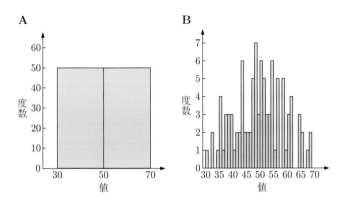

図 2.4 区間の分け方が大まかすぎるヒストグラム (A) と細かすぎるヒストグラム (B)

かりにくくなるし，細かすぎても逆にわかりにくくなる．図 2.4 A, B は図 2.1 と同じデータをヒストグラムにしたものだが，図 2.4 A は区間が大まかすぎるし，図 2.4 B は区間が細かすぎる．区間を何個に分けるのがよいかは場合による．しかし，一般に標本の大きさ (**サンプルサイズ**) の平方根程度がよいとされている．実際にこの方法を試してみよう．図 2.1 と図 2.4 は 100 個のデータを含んでいる．$\sqrt{100} = 10$ なので，10 個ぐらいに区切るのがよいとわかる．図 2.1 は 8 個の区間に分けられているから，この基準におよそ適合している．なお，4.1.3 項で説明するようにスタージェスの公式もよく用いられる．

　ここまでのヒストグラムでは区間の幅は一定だった．しかし，左右に裾を引いている場合などは区間の幅を一定にすると，極端にデータの個数が少なくなる区間が出てくる (図 2.5 A)．このような場合には，区間の幅を適宜変えた方がわかりやすい (図 2.5 B)．区間の幅を変えた場合は，棒の長さではなく面積が度数に比例するように描き，縦軸は度数ではなく各区間の度数の割合を区間の幅で割ったもの (密度) を表示する．つまり，面積の和が 1 になるようにする．

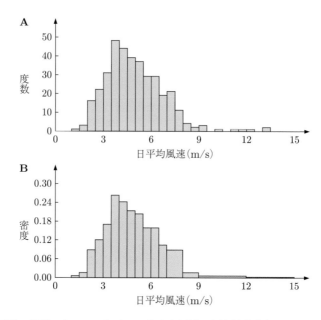

図 2.5　区間の幅が一定のヒストグラム (A) と区間の幅を適宜変えたヒストグラム (B).
那覇市の 2017 年 1 月 1 日から 2017 年 12 月 31 日までの日平均風速を使った.

2.1.2　箱ひげ図

　ヒストグラムはデータがどのように散らばっているかをわかりやすく示す.
ヒストグラムからはさまざまなことが読みとれる. たとえば図 2.2 のように散
らばり方や裾の引き方や多峰性を確認できる. 図 2.3 を見れば, 何 ℃ から何 ℃
の範囲に何個のデータが含まれるかも読みとれる. しかし, 逆にいえば, ヒスト
グラムは情報量が多すぎる. 実際には, 何 ℃ から何 ℃ の範囲に何個のデータ
が含まれるかを読みとれる必要はないことも多い. もっと簡便に要点だけわか
るような図のほうがよいこともある. 特に, 図 2.3 では 10 月 1 日, 11 月 1 日,
12 月 1 日の 3 日間の最低気温を示したが, もしヒストグラムを使って 12 カ月
すべての月はじめの最低気温を表示したり, 最高気温も含めて表示したりする
ならば, 図が複雑になりすぎて読みとりにくくなるだろう. データの散らばり
方の様子をもっと簡便に表せる図があるとよい.

　箱ひげ図は，データの散らばり具合を，図 2.6 のように箱とひげを使って表した図である．箱ひげ図は，箱にひげが生えたような形の図なので箱ひげ図とよばれる．箱ひげ図を使えば，データの中央値・最小値・最大値・第 1 四分位点・第 3 四分位点の位置を一度に表示できる．

　ここで，中央値，第 1 四分位点，第 3 四分位点とは何かを説明しておこう（四分位点を四分位数とよぶこともある）．**中央値**は，データを値の小さい順に並べ替えたとき，ちょうど中央にくる値である．たとえば，

$$8, 7, 12, 5, 11$$

は並べ替えると

$$5, 7, 8, 11, 12$$

なので，中央値は 8 となる．データが偶数個の場合は，中央にくる 2 つの値の平均値を中央値とする．たとえば，

$$8, 7, 12, 5, 11, 1$$

は並べ替えると

$$1, 5, 7, 8, 11, 12$$

なので，中央値は

$$\frac{7+8}{2} = 7.5 \tag{2.1}$$

となる．

　第 1 四分位点と第 3 四分位点は，データを中央値で分け，値が小さいデータと値が大きいデータに分割して求める．**第 1 四分位点**は値が小さいデータの中央値で，**第 3 四分位点**は値が大きいデータの中央値である．たとえば，

$$1, 5, 7, 8, 11, 12$$

は

$$1, 5, 7 \ \text{と} \ 8, 11, 12$$

の 2 つに分割され，第 1 四分位点は 5，第 3 四分位点は 11 となる．

　実際のデータで第 1 四分位点と第 3 四分位点を求めるときには注意が必要である．まず，中央値で値が小さいデータと大きいデータに分割するとき，元のデータの大きさが奇数個か偶数個かで扱いが異なる．偶数個なら，すでに見たように同数の 2 つの集団に分ければよい．奇数個なら，中央値を除いて小さい

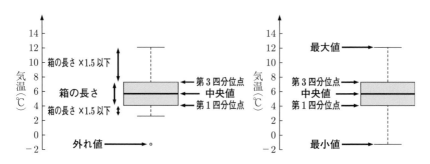

図 2.6　A テューキーの方式による箱ひげ図．B 簡便法による箱ひげ図

データと大きいデータに分割する場合と，中央値を小さいデータと大きいデータの両方に含める場合がある．中央値を除く場合は，

$$5, 7, 8, 11, 12$$

を

$$5, 7 と 11, 12$$

に分割して，第 1 四分位点は 6，第 3 四分位点は 11.5 となる．中央値を両方に含める場合は，

$$5, 7, 8, 11, 12$$

を

$$5, 7, 8 と 8, 11, 12$$

に分割して，第 1 四分位点は 7，第 3 四分位点は 11 となる．四分位点のこの求め方を**ヒンジ法**という (ヒンジとは蝶つがいの意味)．四分位点の求め方には他の方法も提案されており，ソフトウェアによって異なる値が出力されることがある．第 4 章 4.1.2 項で別の方法を紹介する．また，第 3 四分位点と第 1 四分位点の差を**四分位範囲**という．

箱ひげ図は次のように描く．

① データの第 1 四分位点から第 3 四分位点の間に箱を描く．

② 中央値の位置に線を引く．

③ 箱から箱の長さ (四分位範囲) の 1.5 倍を超えて離れた点 (外れ値) を点 (白丸) で描く．

④ 外れ値ではないものの最大値と最小値まで箱からひげを描く．

この方法で表 2.2 の 12 月 1 日の最低気温を描いたのが図 2.6 A である．箱ひげ図のこの描き方を**テューキーの方式**とよぶ．

箱ひげ図にはもっと簡便な描き方もある (図 2.6 B)．この方式では，外れ値は表示せず，すべてのデータの中の最大値と最小値まで箱からひげを描く．ここでは箱ひげ図を縦に描いたが，90 度回転させて横に描くことも多い．

図 2.7 は 1988 年から 2017 年の 30 年分の彦根市の各月の初日の最低気温をテューキーの方式で箱ひげ図にしたものである．ヒストグラムでも見られたとおり，箱ひげ図からも，10 月 1 日から 11 月 1 日，12 月 1 日と進むにつれて最低気温が下がることがわかる．また，8 月 1 日，9 月 1 日，12 月 1 日には外れ値がある．9 月 1 日は最低気温が狭い範囲に集中しているが，まれにこの範囲から上下に大きくはみ出す年があることが読みとれる．この図をヒストグラムで描くと，ヒストグラムを 12 個描くことになり，図が複雑化して見にくくなることに注意しよう．箱ひげ図からはデータの散らばりの様子が効率的に読みとれる．

箱ひげ図はデータの散らばりが小さい場合は短くなり，データの散らばりが大きい場合は長くなる．単峰性の場合，ヒストグラムの山の頂は箱の中にあることが多い．右か左に長く裾を引いている場合，長く裾を引いた方向にひげが長く伸びたり，外れ値が多数描かれたりする．箱ひげ図を使ったデータの可視化は，統計分析の非常に重要な要素である．

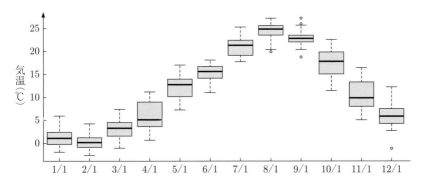

図 2.7 1988 年から 2017 年の 30 年分の彦根市の各月の初日の最低気温の箱ひげ図

2.1.3　平均値と分散

ヒストグラムや箱ひげ図はデータがどのように散らばっているかを図で示す．データを図で表すとデータの全体的な特徴を把握しやすくなる．しかし，図ではなく，数値で表したいこともある．データを集約して1つの数値として表せばより簡便になる．データを1つの数値に集約したものを**代表値**とよぶ．箱ひげ図の説明で出てきた中央値も代表値の1つである．

代表値の中でも最もよく用いられるのが**平均値**である．ここで，n 個の値 $x_1, \ldots, x_n$ からなる標本を考える．平均値はこれらの和を標本の大きさ(サンプルサイズ)n で割ったものである．数式で表すと，

$$\bar{x} = \frac{x_1 + x_2 + \cdots + x_n}{n}$$

$$= \frac{1}{n} \sum_{i=1}^{n} x_i \tag{2.2}$$

となる．平均値は変数の上に線を引いて $\bar{x}$ のように書くことが多い(エックスバーと読む)．値が全体に大きければ平均値も大きくなり，値が全体に小さければ平均値も小さくなる．5 cm, 10 cm, 12 cm, 13 cm の平均値は

$$\frac{5 + 10 + 12 + 13}{4} = 10 \text{ cm} \tag{2.3}$$

となる．

同じ代表値でも，平均値と中央値は異なる値を取りうることに注意が必要である．たとえば実データには，右に裾を引いており，平均値が中央値より大きいものがよくある．また，もう一つの代表値である**最頻値**(もっとも頻繁に現れる値) も平均値や中央値とは異なることが多い．

平均値や中央値はデータの位置を測る指標だが，データの散らばりを測る指標として**分散**や**標準偏差**がある．データの散らばりが大きいほど分散や標準偏差の値は大きく，データの散らばりが小さいほど分散や標準偏差の値は小さくなる．分散および標準偏差を計算すると，図 2.2 A は図 2.2 B よりも小さくなる．

分散と標準偏差は，次のように求められる．$x_1, \ldots, x_n$ をサイズ n のデータとすると，分散 s^2 は

$$s^2 = \frac{(x_1 - \bar{x})^2 + (x_2 - \bar{x})^2 + \cdots + (x_n - \bar{x})^2}{n}$$

$$= \frac{1}{n} \sum_{i=1}^{n} (x_i - \bar{x})^2 \tag{2.4}$$

で求められる．ただし，$\bar{x}$ は前に定義した平均値である．この分散とは少し形の違う**不偏分散** σ^2 を使うこともある．不偏分散は

$$\sigma^2 = \frac{(x_1 - \bar{x})^2 + (x_2 - \bar{x})^2 + \cdots + (x_n - \bar{x})^2}{n - 1}$$

$$= \frac{1}{n-1} \sum_{i=1}^{n} (x_i - \bar{x})^2 \tag{2.5}$$

と $n - 1$ で割って求められる．分散と不偏分散には

$$\sigma^2 = \frac{n}{n-1} s^2 \tag{2.6}$$

の関係がある．分散の平方根 $\sqrt{s^2}$（または不偏分散の平方根 $\sqrt{\sigma^2}$）を標準偏差という．

分散や標準偏差の性質を見ておこう．x_i はどれも実数で，$\bar{x}$ も実数となる．式 (2.4) から，分散は実数の 2 乗の和を n で割ったものである．実数の 2 乗は負の値をとらないから，分散も負の値をとらないことがわかる．標準偏差は分散の平方根なので，これも負の値をとらない．

分散や標準偏差は負の値をとらないから，たいていは正の値になる．分散や標準偏差が 0 になる場合はあるだろうか．$x_i - \bar{x}$ がすべて 0 になるなら分散も標準偏差も 0 になる．つまり，すべての値が同じ値になっているときには分散と標準偏差が 0 になる．

$5\,\mathrm{cm}, 10\,\mathrm{cm}, 12\,\mathrm{cm}, 13\,\mathrm{cm}$ の分散は

$$\frac{(5 - 10)^2 + (10 - 10)^2 + (12 - 10)^2 + (13 - 10)^2}{4} = 9.5\,\mathrm{cm}^2 \tag{2.7}$$

となる．標準偏差は分散の平方根なので，

$$\sqrt{9.5} \approx 3.08\,\mathrm{cm} \tag{2.8}$$

である．平均値や標準偏差は元の値と同じ単位だが，分散は単位が違うことがわかる．単位が違っていると散らばりの指標としてわかりにくいので，以下では単位が同じになる標準偏差を主として使う．

簡単なデータに対して標準偏差を計算してみよう．表 2.3 に，2011 年から 2017 年の 7 年間の彦根市の 10 月 1 日，11 月 1 日，12 月 1 日の最低気温と，そ

表 2.3   彦根市の 2011 年から 2017 年の 10 月 1 日，11 月 1 日，12 月 1 日の最低気温と
その平均と標準偏差 (℃).

	2011	2012	2013	2014	2015	2016	2017	平均	標準偏差
10/1	14.7	19.4	20.0	20.3	15.4	19.8	12.1	17.4	3.0
11/1	11.3	9.8	9.7	14.3	5.8	7.9	5.9	9.2	2.8
12/1	7.3	4.5	3.2	8.3	5.2	8.6	6.2	6.2	1.9

れらの平均値と標準偏差を示す．最低気温の散らばりが小さい日ほど標準偏差
の値が小さく，大きい日ほど標準偏差の値が大きいことがわかる．

　本節の最後に，平均値の性質について説明する．サンプルサイズが大きくな
ると，平均値はある値 (標本の背後に想定される母集団の期待値) に近づいてい
くことが知られている (**大数の法則**という)．この性質は統計学の重要な基礎の
1 つである．

課題学習

2.1-1   e-Stat から国勢調査に基づく市区町村の人口をダウンロードし，ヒストグラム
　　　にまとめよ．

2.1-2   気象庁のサイトから直近 30 年間の各地域の 1 月 1 日の気温をダウンロードし，
　　　箱ひげ図にまとめよ．また，それぞれの平均値と標準偏差を求めよ．

2.2   散布図と相関係数

　この節では，2 つの量の関係を視覚化する**散布図**と 2 つの量の関係を要約す
る**相関係数**について紹介する．2 つの量とは，個人や個体などの対象に対し，そ
れぞれから得た 2 種類の量的データのことである．また，散布図とは，2 つの量
の関係を視覚的に調べるのに適した図のことである．一方，相関係数とは，2 つ
の量の直線的な関係の強さを表す指標である．相関係数の範囲は，-1 から 1 の
間であり，値が 0 から遠ざかるほど関係が強いことを表す．

2.2.1   2 つの量のデータ

　2 種類の量を変数 X と変数 Y で表し，n 組のデータを表 2.4 のように表す．
たとえば，1 番目の対象において，変数 X の値は x_1，変数 Y の値は y_1 と表す．

また，n 番目の対象において，変数 X の値は x_n，変数 Y の値は y_n と表す．慣例として，変数名はアルファベットの大文字，その値は小文字で表す．表 2.4 では印刷の都合上，各変数の値を行としているが，Excel などに入力するときは変数を列として縦長に入力するほうがよい．

表 2.4　n 組の 2 種類のデータ

個体	1	2	3	$\cdots$	n
変数 X	x_1	x_2	x_3	$\cdots$	x_n
変数 Y	y_1	y_2	y_3	$\cdots$	y_n

　例として，2016 年滋賀県大津市における月ごとの日最高気温の平均値 (℃) と二人以上世帯あたりの飲料支出金額 (円) の 2 つの量を表 2.5 に示す (以下それぞれ日最高気温，飲料支出金額という)．月ごとの日最高気温は気象庁の過去の気象データ検索サイトから抽出した．また，飲料支出金額は「家計調査」(総務省) から抽出した．

表 2.5　日最高気温と飲料支出金額のデータ

月	1	2	3	4	5	6
日最高気温 (℃)	9.1	10.2	14.1	19.8	25.0	26.8
飲料支出金額 (円)	3416	3549	4639	3857	3989	4837

月	7	8	9	10	11	12
日最高気温 (℃)	31.1	34.0	28.5	22.9	15.7	11.3
飲料支出金額 (円)	5419	5548	4311	4692	3607	4002

2.2.2　散布図

　2 つの量のデータの**散布図**の描き方を説明する．n 組のデータを $(x_1, y_1), (x_2, y_2),$ $\ldots, (x_n, y_n)$ とするとき，(x_i, y_i) を座標とする点 $(i = 1, \ldots, n)$ を X-Y 平面上にとる．

　例として，図 2.8 に月ごとの日最高気温と飲料支出金額のデータ (表 2.5) の散布図を示す．横軸には日最高気温，縦軸には飲料支出金額をとる．12 組のデータを ○ 印で示す．軸のラベルには単位も併せて表示する．○ 印の中を塗りつぶ

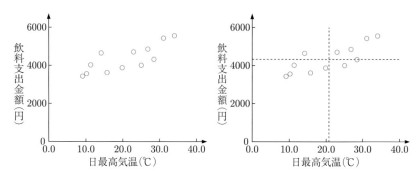

図 2.8　日最高気温と飲料支出金額の散布図

図 2.9　図 2.8 の散布図に補助線 (点線) を加えたもの

さないようにすると，点の重なりが見える．

　散布図の見方を説明する．散布図に 2 本の補助線 $X = \bar{x}$, $Y = \bar{y}$ を加える．$\bar{x}, \bar{y}$ はそれぞれ変数 X と Y の平均値である．補助線の交わる点の座標は $(\bar{x}, \bar{y})$ となる．これらの補助線により，X-Y 平面を 4 つの区画に分け，どの区画にデータ点が多いかを調べる．

　例として，図 2.8 に 2 本の補助線 (点線) を加えたものを図 2.9 に示す．

　この図のように右上と左下の区画にデータ点が多い場合，右上がりの傾向があるという．すなわち，日最高気温が上昇すれば飲料支出金額が増加する傾向がある．ただし，これは見た目の関係であり，実際の原因かどうかはさらに調べてみる必要がある (2.4.1 項を参照)．

　さらに，散布図の見方についていくつかの例を見る．図 2.10 から図 2.13 の散布図は，2016 年滋賀県大津市における月ごとの気象データと飲料支出金額の関係を表す．なお，図 2.10 の横軸は各月の最高気温そのものを示している．

　これらの図から，月最高気温と飲料支出金額の関係は右上がりの傾向 (図 2.10)，最大風速と飲料支出金額の関係は右下がりの傾向 (図 2.11)，合計降水量と飲料支出金額の関係はわずかに右上がりの傾向 (図 2.12)，平均風速と飲料支出金額との関係はわずかに右下がりで，平均風速の散らばりが最大風速に比べて小さいことがわかる (図 2.13)．

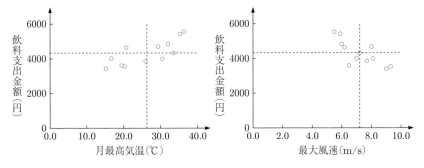

図 2.10　月最高気温と飲料支出金額の　　**図 2.11**　最大風速と飲料支出金額の散
　　　　　　散布図　　　　　　　　　　　　　　　　　　布図

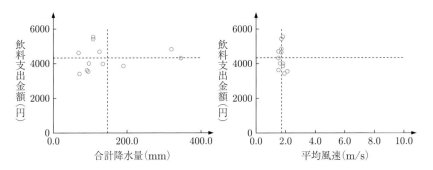

図 2.12　合計降水量と飲料支出金額の　　**図 2.13**　平均風速と飲料支出金額の散
　　　　　　散布図　　　　　　　　　　　　　　　　　　布図

　次に，**外れ値**の影響について説明する．例として，仮想データを用いた散布
図 (図 2.14) を見る．これは図 2.8 に 1 点 △ をつけ加えたものである．△印の点
は他の ○ と比べて飲料支出金額の値が極端に低い．これを外れ値とみなす．散
布図から外れ値が見つかる場合には，元のデータと照らし合わせ，入力に誤り
がないかを確認し，データ解析からその値を削除するかを検討する．

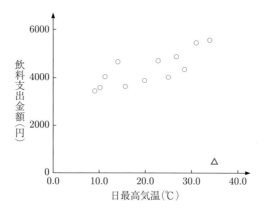

図 2.14 仮想データを用いた散布図

2.2.3 相関係数

2つの量のデータの**相関係数**について説明する．変数 X と Y の相関係数 r_{XY} は次の式で与えられる．

$$\text{相関係数 } r_{XY} = \frac{[X \text{ と } Y \text{ の共分散}]}{[X \text{ の標準偏差}] \times [Y \text{ の標準偏差}]} = \frac{s_{XY}}{s_X s_Y} \tag{2.9}$$

式 (2.9) の分子が変数 X と Y の**共分散** s_{XY}，分母が変数 X の標準偏差 s_X と変数 Y の標準偏差 s_Y の積である．ここで，変数 X と Y の共分散 s_{XY} は，変数 X の偏差と変数 Y の偏差の積を平均したもので与えられる．変数 X の偏差は，変数 X の値から平均値 $\bar{x}$ を引いた量 $(x_i - \bar{x})$ であり，変数 Y についても同様である．式で書けば，X と Y の共分散 s_{XY} は次のように表される．

$$s_{XY} = \frac{1}{n}\{(x_1 - \bar{x})(y_1 - \bar{y}) + \cdots + (x_n - \bar{x})(y_n - \bar{y})\}$$

$$= \frac{1}{n}\sum_{i=1}^{n}(x_i - \bar{x})(y_i - \bar{y}) \tag{2.10}$$

相関係数の符号について説明する．相関係数の符号は，共分散を求める際に用いた偏差の積の和の符号と同じである．例として，散布図の見方で用いた日最高気温と飲料支出金額の散布図を用いる．散布図に2本の補助線 $X = \bar{x}$, $Y = \bar{y}$ を加え，X-Y 平面を4つの領域 A, B, C, D に分ける (図 2.15)．この図の右上の領域 A では，$x_i - \bar{x}$ と $y_i - \bar{y}$ がともに正の値で，偏差の積 $(x_i - \bar{x})(y_i - \bar{y})$ も正の値となる．また，左下の領域 C では，$x_i - \bar{x}$ と $y_i - \bar{y}$ がともに負の値で，

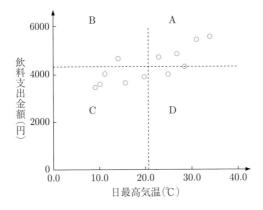

図 2.15　散布図を 4 つの区画に分けたもの

偏差の積は正の値となる．一方，左上の領域 B では，$x_i - \bar{x}$ が負の値，$y_i - \bar{y}$ が正の値で，偏差の積は負の値となる．また，右下の領域 D では，$x_i - \bar{x}$ が正の値，$y_i - \bar{y}$ が負の値で，偏差の積は負の値となる．したがって，領域 A や領域 C にある点が領域 B や領域 D にある点より多く，右上がりの場合，相関係数の符号は正となる傾向がある．逆に，領域 A や領域 C にある点が領域 B や領域 D にある点より少なく，右下がりの場合，相関係数の符号は負となる傾向がある．相関係数が正の値のとき**正の相関**，負の値のとき**負の相関**があるという．そして，相関係数が 0 のとき**無相関**という．実際のデータでは相関係数がぴったり 0 になることはまれである．

　相関係数の値の評価は使われる分野により異なる．1 つの目安として，相関係数の絶対値が 0 から 0.2 以下はほとんど関係がない，0.2 から 0.4 以下は弱い関係がある，0.4 から 0.7 以下は中程度の関係がある，0.7 から 1.0 は強い関係がある，ということにする．なお，ここでいう「関係」とは直線関係のことである．

　相関係数の例をいくつか見る．図 2.15 で用いたデータにおいて，日最高気温と飲料支出金額の相関係数は 0.8 であり，2 つの量には強い正の相関があるといえる．また，図 2.10 で用いたデータにおいて，月最高気温と飲料支出金額の相関係数も 0.8 であり，2 つの量には強い正の相関があるといえる．また，図 2.11 で用いたデータにおいて，最大風速と飲料支出金額の相関係数は −0.8 であり，2 つの量には強い負の相関があるといえる．また，図 2.12 で用いたデータにお

いて，合計降水量と飲料支出金額の相関係数は 0.2 であり，2 つの量はほとんど
関係がないといえる．また，図 2.13 で用いたデータにおいて，平均風速と飲料
支出金額の相関係数は −0.2 であり，2 つの量はほとんど関係がないといえる．

最後に外れ値の影響について説明する．データが外れ値を含むと相関係数の
値が大きく変わることがある．図 2.8 の散布図では相関係数は 0.8 であった．一
方，図 2.14 のデータは △ 印の外れ値を含み，相関係数はほぼ 0 となる．このよ
うに，2 つの量の関係を要約する際には，相関係数を散布図と併せて用いること
が大切である．

課題学習

2.2 2016 年滋賀県大津市における月ごとの日最高気温の平均値 (℃) と二人以上世帯あ
たりのアイスクリーム・シャーベット支出金額 (円) のデータ (表 2.6) を用いて，2 つ
の量の関係を調べよ．二人以上世帯あたりのアイスクリーム・シャーベット支出金額
(円) (以下，アイスクリーム支出金額という) は，「家計調査」(総務省) から抽出した．

表 **2.6**　日最高気温とアイスクリーム支出金額

月	1	2	3	4	5	6	7	8	9	10	11	12
日最高気温 (℃)	9.1	10.2	14.1	19.8	25.0	26.8	31.1	34.0	28.5	22.9	15.7	11.3
アイスクリーム支出金額 (円)	402	361	330	480	708	792	1482	1235	830	615	453	427

2.3　回帰直線

この節では，2 つの量の関係を定式化する**回帰直線**について紹介する．

2.3.1　回帰直線と最小二乗法

表 2.4 で表される 2 つの量 X と Y が与えられたとき，変数 X の値から変数
Y の値を予測することを考える．このとき，X を**説明変数**，Y を**目的変数**また
は**被説明変数**とよぶ．2 つの変数に直線関係が予想されるとき，その近似直線
を**回帰直線**という．いま，回帰直線が次の式で表されるとする．

$$\hat{y} = b_0 + b_1 x \tag{2.11}$$

ここで，$\hat{y}$ は Y の**予測値**，b_0 と b_1 はそれぞれ回帰直線の**切片**と**傾き**である．

n 組のデータ $(x_i, y_i)\,(i = 1, 2, \ldots, n)$ から回帰直線の切片と傾きを求めるために**最小二乗法**を用いる. 最小二乗法では Y 軸方向の**残差** $e = y - \hat{y}$ に注目し, データ y_i と x_i に対応する予測値 $\hat{y}_i$ との差の 2 乗和が最小になるように回帰直線の切片と傾きを決める. その結果, 傾き b_1 は次の式で与えられる.

$$b_1 = \frac{[X \text{ と } Y \text{ の共分散}]}{[X \text{ の標準偏差}]^2} = \frac{s_{XY}}{s_X{}^2}$$

$$= [X \text{ と } Y \text{ の相関係数}] \times \frac{[Y \text{ の標準偏差}]}{[X \text{ の標準偏差}]} = r_{XY} \frac{s_Y}{s_X} \tag{2.12}$$

式 (2.12) の分子が変数 X と Y の共分散 s_{XY}, 分母が変数 X の標準偏差の 2 乗すなわち X の分散 $s_X{}^2$ になる. これは, 変数 X と Y の相関係数 r_{XY} に変数 Y の標準偏差と変数 X の標準偏差の比の値 $\dfrac{s_Y}{s_X}$ をかけたものに等しい. 切片 b_0 は次の式で与えられる.

$$b_0 = \bar{y} - b_1 \bar{x} \tag{2.13}$$

この式は, 回帰直線が各変数の平均値を座標とする点 $(\bar{x}, \bar{y})$ を必ず通ることを意味する.

例として, 表 2.5 の 12 組のデータを用いて日最高気温から飲料支出金額を予測してみよう. 最小二乗法を用いると次のような回帰直線が求まる.

$$\hat{y} = 2947.8 + 66.4 \times x \tag{2.14}$$

予測は変数 X のデータの範囲内で行うのがよい. この例では, 日最高気温は 9.1〜34.0 ℃ の値をとり, 日最高気温が 10 ℃ のときの飲料支出金額は $2947.8 + 66.4 \times 10 = 3611.8$ 円と予測される. また, 回帰直線の傾きに着目すると, 気温が 1 ℃ 上昇すると平均的に飲料支出金額が 66.4 円高くなる傾向を表す. また, 回帰直線は, 各変数の平均値を座標とする点 $(20.7, 4322.2)$ を通る (図 2.16).

2.3.2 目的変数の散らばり (変動) と決定係数

「回帰直線」のデータへの当てはまりの評価のために, 目的変数 Y の**散らばり (変動)** を調べる. データ y と予測値 $\hat{y}$ との差 $y - \hat{y}$ を**残差**という. 変数 X と Y の n 組のデータ $(x_i, y_i)\,(i = 1, 2, \ldots, n)$ において, 次の 3 つの変動を考える.

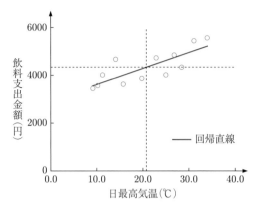

図 2.16　日最高気温と飲料支出金額の散布図と回帰直線

データの変動は，データ y と平均値 $\bar{y}$ との差の 2 乗和

$$S_y{}^2 = (y_1 - \bar{y})^2 + \cdots + (y_n - \bar{y})^2 \tag{2.15}$$

予測値の変動は，予測値 $\hat{y}$ と平均値 $\bar{y}$ との差の 2 乗和

$$S_{\hat{y}}{}^2 = (\hat{y}_1 - \bar{y})^2 + \cdots + (\hat{y}_n - \bar{y})^2 \tag{2.16}$$

残差の変動は，データ y と予測値 $\hat{y}$ との差の 2 乗和

$$S_e{}^2 = (y_1 - \hat{y}_1)^2 + \cdots + (y_n - \hat{y}_n)^2 \tag{2.17}$$

で定義する．予測値の変動と残差の変動の和はデータの変動に等しいという関係が成り立つ．

$$S_y{}^2 = S_{\hat{y}}{}^2 + S_e{}^2 \tag{2.18}$$

この関係を回帰直線のデータへの当てはまりの評価を表す**決定係数**に用いる．

　決定係数 R^2 はデータの変動 $S_y{}^2$ と予測値の変動 $S_{\hat{y}}{}^2$ から計算される．

$$R^2 = \frac{S_{\hat{y}}{}^2}{S_y{}^2} = 1 - \frac{S_e{}^2}{S_y{}^2} \tag{2.19}$$

R^2 は 0 から 1 の値をとる．残差の変動が 0 に近づくと R^2 は 1 に近づき，データへの**当てはまりが良い**という．一方，残差の変動が大きくなると，R^2 は 0 に近づき，データへの**当てはまりが悪い**という．また，R^2 は X と Y の相関係数の 2 乗と等しいことが示される．

　1つの例として，日最高気温から飲料支出金額を予測する回帰直線 (図2.16)
のデータへの当てはまりを調べてみると，相関係数は0.8，決定係数は0.64であ
り，データへの当てはまりは悪くないといえる．別の例として，Messerli (New
England Journal of Medicine, 2012) により報告された23カ国のチョコレート
の消費量からノーベル賞受賞者数を予測する回帰直線のデータへの当てはまり
を調べる．図2.17から，チョコレートの消費量が増えるとノーベル賞受賞者数
が増える関係が見られる．相関係数は0.791，決定係数は0.63であり，回帰直
線のデータへの当てはまりは悪くないといえる．ただし，チョコレートとノー
ベル賞の相関係数や決定係数は，ともに見た目の関係を表す (次節の疑似相関を
参照)．

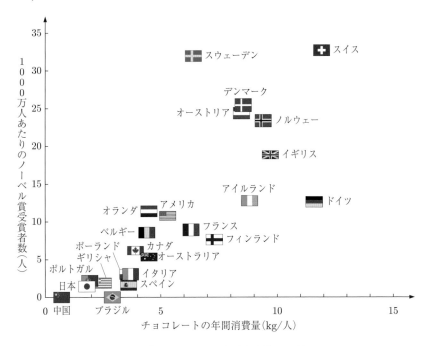

図 2.17　チョコレート消費量とノーベル賞受賞者数の関係 (出典：Messerli (2012))

　さらに別の例として，2016年の滋賀県大津市において，各月の日最高気温
(℃) を月 (1～12) で予測する回帰直線のデータへの当てはまりを調べてみよう．
図2.18では，日最高気温は1月から8月まで上昇し，その後下降する．すなわ

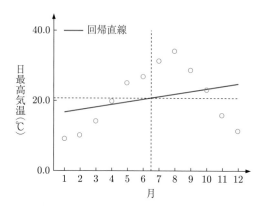

図 2.18　月と日最高気温の関係

ち，散布図から 2 つの量の関係は直線的でないことがわかる．この 2 つの量の相関係数は 0.309，決定係数は 0.10 であり，回帰直線 (赤い実線) のデータへの当てはまりは悪いといえる．この例のように，2 つの量の間の関係が直線的でない場合もある．その場合には，散布図で関係を視覚化して，別の方法でその関係を要約したり定式化したりすることを考える必要がある．

課題学習

2.3　2016 年滋賀県大津市における月ごとの日最高気温 (℃) とアイスクリーム支出金額 (円) のデータ (表 2.6) を用いて，回帰直線を求め，日最高気温が 10 ℃ のときのアイスクリーム支出金額 (円) を予測せよ．また，回帰直線のデータへの当てはまりについて調べよ．

2.4　データ分析で注意すべき点

データ分析を正しく実施するためには，データ収集の計画を適切に立てた上でデータを収集すること，および分析結果の正しい解釈が重要である．本節ではまず相関関係と因果関係の違いを説明し，その後，2 つのグループの比較方法，さまざまなデータの収集方法，適切なグラフの使用法について説明する．

2.4.1　相関関係と因果関係

　2つの変数の間の関係を調べるには，2.2節で説明したように散布図を描いたり相関係数を計算することが一般的である．では，2つの変数の間に**相関関係**があったときに，それらの間に**因果関係**(原因と結果の関係) があるといえるだろうか．つまり，片方の変数がもう一方の変数の原因となっており，原因となる変数を調整することで，もう一方の変数をある程度操作することが可能だろうか．実はこれは必ずしも成り立つとは限らない．2つの変数の間に相関関係があったとしても，それだけでは因果関係があるとは限らない．

　ここで，1つの例をあげる．図2.19は2015年の都道府県別の警察職員数 (「地方公共団体定員管理関係調査」，総務省) と刑法犯認知件数 (「警察白書」，警察庁) の散布図を示している．

　この散布図の相関係数は0.95である．このことから，警察職員数と刑法犯認知件数に強い因果関係があると考えられるだろうか．つまり，警察職員が多くなればなるほど，刑法犯が増えると考えられるだろうか．または，刑法犯が多くなればなるほど，警察職員が増えると考えられるだろうか．前者は明らかに不自然である．一方，後者については不自然とはいえないが，ここでは別の要因について考える．都道府県の人口という要因を考えると，人口が多くなればなるほど，

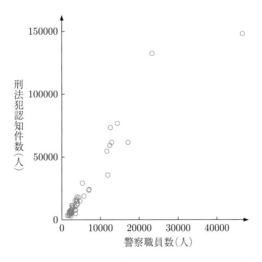

図2.19　2015年の都道府県別の警察職員数と刑法犯認知件数の散布図

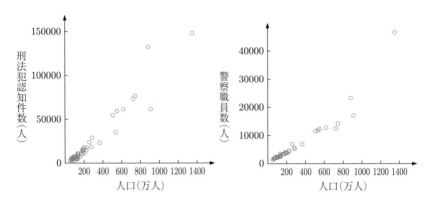

図 2.20 2015 年の都道府県別の人口と刑法犯認知件数の散布図 (左図)，人口と警察職員数の散布図 (右図)

警察職員が増え，刑法犯も増える．図 2.20 の左図は都道府県別の人口 (「国勢調査」，総務省) と刑法犯認知件数の散布図，右図は都道府県別の人口と警察職員数の散布図である．これらの散布図の相関係数はそれぞれ 0.96 と 0.95 である．

　この例のように，調べたい 2 つの変数それぞれと相関が強い別の変数が存在する場合，もとの 2 つの変数の相関が強くなってしまうという現象が発生する．このような相関のことを**疑似相関**という．また，疑似相関の原因となる変数のことを**第 3 の変数**という．上記の人口のように第 3 の変数のデータが手元にあればさまざまな検討ができるが，第 3 の変数のデータを収集できているとは限らない．収集していない (あるいは入手できない) 第 3 の変数のことを**潜在変数**という．図 2.17 では，チョコレート消費量とノーベル賞受賞者数の間に強い相関が見られるが，これらの関係も，1 人あたりの GNP (国民総生産) を第 3 の変数とする疑似相関であるといわれている．

　もし，第 3 の変数が得られている場合，その影響を除く方法はいくつか考えられる．1 つ目は第 3 の変数による層別の方法である．2 つ目は第 3 の変数が比例尺度 (計量的，計数的) である場合は，注目している変数を第 3 の変数の単位量あたりの量に変換する方法である．3 つ目は偏相関係数を計算する方法である．

　まず，層別の方法について説明する．第 3 の変数の影響を受けているということは，第 3 の変数の値が近いものだけで比較すれば，第 3 の変数の影響を取

り除くことができる．図 2.19 を見ると，一部の都道府県は警察職員数と刑法犯認知件数が他の都道府県よりかなり多くなっているので，ここでは人口が 600 万人以下の道府県に限定して層別を行う．図 2.21 は図 2.19 について人口が 100 万人未満 (黒色)，100 万人以上 200 万人未満 (青色)，200 万人以上 600 万人未満 (赤色) で層別した散布図である．これを見ると，各層での相関は図 2.19 に比べ小さくなっていることが確認できる．各層の相関係数は 100 万人未満で 0.77，100 万人以上 200 万人未満で 0.70，200 万人以上 600 万人未満で 0.91 となり，全体の相関係数よりも小さくなっている．本来はもう少し細かく層別するとよいが，47 都道府県しかないために細かい層別が難しい．

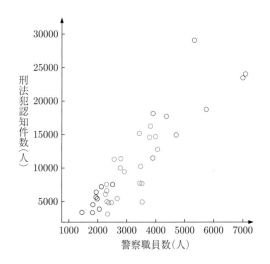

図 2.21 2015 年の都道府県別の警察職員数と刑法犯認知件数の層別散布図

次に，各変数を第 3 の変数の単位量あたりの量に変換する方法について説明する．ここでは，警察職員数と刑法犯認知件数について，人口 1000 人あたりの量に変換することで，人口の影響を取り除く．図 2.22 は各都道府県の人口 1000 人あたりの警察職員数と刑法犯認知件数の散布図である．この散布図の相関係数は 0.12 である．この結果から，人口の影響を除くと相関がほとんどなくなることが確認できる．

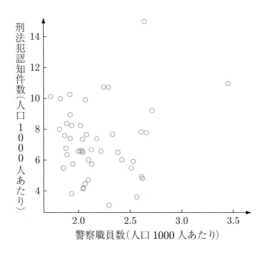

図 2.22　2015 年の都道府県別の人口 1000 人あたりの警察職員数と刑法犯認知件数の散
布図

　最後に，**偏相関係数**について説明する．偏相関係数とは，関係を調べたい 2
つの変数について，別の変数の影響を取り除いた相関係数である．データを
$(x_1, y_1, z_1), \ldots, (x_n, y_n, z_n)$ とする．ここで，$(x_1, y_1), \ldots, (x_n, y_n)$ の $z_1, \ldots, z_n$
の影響を除いた相関を次のように考える．

　別の変数の影響を除く方法として，回帰直線の考え方を使う．Z を説明変数，X
を目的変数とした回帰直線により，z_i に対応する X の予測値 $\hat{x}_i$ を求める．$\hat{x}_i$ は
x_i のうち Z によって "説明される" 部分なので，残差 $x_1 - \hat{x}_1, \ldots, x_n - \hat{x}_n$ は X
から Z の影響を除いたデータと考えられる．実際，$(x_i - \hat{x}_i, z_i)$ $(i = 1, 2, \ldots, n)$
の相関係数は 0 であることが確かめられる．同様に，Y についても，Z を説明
変数，Y を目的変数とした回帰直線を考えて，Y から Z の影響を除いたデータ
$y_1 - \hat{y}_1, \ldots, y_n - \hat{y}_n$ を求める．そして，$(x_i - \hat{x}_i, y_i - \hat{y}_i)$ $(i = 1, 2, \ldots, n)$ の
相関係数を考える．この相関係数のことを，z の影響を除いた x と y の偏相関
係数といい，

$$\frac{r_{XY} - r_{XZ} r_{YZ}}{\sqrt{(1 - r_{XZ}^2)(1 - r_{YZ}^2)}} \tag{2.20}$$

として求められる．ここで，r_{XY} は X と Y の相関係数，r_{XZ} は X と Z の相
関係数，r_{YZ} は Y と Z の相関係数である．図 2.19 について，人口の影響を除

いた 47 都道府県の警察職員数と刑法犯認知件数の偏相関係数は 0.37 となる.

このように,特定の変数の影響を除いた相関を調べる方法はいくつかあるが,どれがベストであるかは状況によって異なるので,適切に使いこなすことが重要である.また,第 3 の変数が手元にある場合はこのような調整が行えるが,そうでない場合は,このような調整が行えない(つまり,潜在変数の影響は取り除けない).データを収集する段階で,潜在変数を見落とさないようにすることが重要となる.

2.4.2 観察研究と実験研究

前項では,2 つの変数の関係を調べる際に,他の変数の影響を取り除く方法について説明した.しかし,その方法を用いても因果関係を完全に調べることはできない.そこで,本項ではある事象の影響を調べる研究について説明する.

ある事象の影響を調べたい場合,その事象を行った場合と行っていない場合を比較すればよい.たとえば,たばこを吸うと肺がん発生率が上がるかどうかを調べるために,たばこを吸う人と吸わない人での肺がん発生率を調べる.ここで,たばこを吸うか吸わないかは,各自の意志に基づいている.このように,ある事象を行うかどうかを本人が決められるという状況の下で,その事象の結果を比較する研究のことを観察研究という.

観察研究では,図 2.23 のように,たばこを吸うかどうかについての影響を調べたいにもかかわらず,たばこを吸う人,吸わない人のそれぞれの特徴の違い

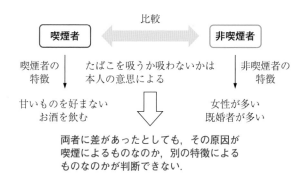

図 2.23 観察研究の例

の影響も含まれるため，原因を特定することが困難となる．

　よって，観察研究を行う場合は，調べたい事象以外の条件をできるだけ揃える必要がある．たとえば，たばこを吸う人と吸わない人を比較する場合，特定の性別 (男性または女性)，飲酒の有無，既婚者か未婚者か，普段の食生活などの条件を揃えて比較することで，たばこを吸うかどうかの影響を調べることが可能となる．ただし，前項の場合と同様，調べていない条件の違いについては調整することができないので，あらかじめ結果に影響を与えそうなデータはすべて集めておく必要がある．

　一方，実験研究とは，ある事象の影響を調べる際，その事象を行うかどうかを研究者が割り付けた上でその違いについて調べる研究である．また，その割り付けについては，無作為に割り付けることが重要である．被験者を無作為に割り付けることで，さまざまな被験者がいたとしても似た性質をもつ被験者が各グループに同程度含まれることが期待される．

　図2.24 は，ある健康食品の効果を調べるための実験研究の例である．この例では，グループAとグループBの人たちの1カ月の影響の差を調べることで，健康食品の効果を測る．実験研究では，ある健康食品を食べたかどうか以外に，グループ間の特徴の違いは存在しないので，健康食品の効果を具体的に測ることが可能となる．

　図2.24 の比較において，グループBの人たちに「健康食品を食べない」よう

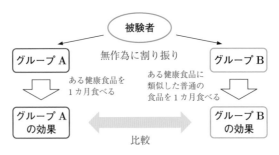

図 2.24　実験研究の例

にするのではなく，「健康食品の類似品を食べる」ようにすることには重要な意味がある．人は薬を飲んだり，健康食品を食べたと「思っただけ」でさまざまな効果が現れることが知られている．このような効果のことを**プラセボ効果 (偽薬効果)** という．そのため，グループ A とグループ B の人たちに，自分たちが健康食品を食べているかどうかを知られては，健康食品の効果を正しく知ることができなくなってしまう．そこで，このような比較実験では，被験者がどちらのグループに属しているかを知られないようにすることが重要となる．

2.4.3　標本調査

ある調査を行うとき，調査を行いたい対象すべてのことを**母集団**という．母集団全体を調査できることが好ましいが，一般に母集団全体を調査することは難しいことが多い．そのような場合は，母集団の一部を抜き出して調査を行うこととなる．このように，母集団から調査のために抜き出した対象全体のことを**標本**という．標本の対象数が**サンプルサイズ**である．たとえば，テレビの視聴率調査ではテレビを保有している全世帯が母集団であり，視聴率を調べる装置を設置している全世帯が標本である．また，政党の支持率調査では，有権者全体が母集団であり，電話調査を行った対象者全員が標本である．

母集団全体の調査が難しい理由として，主に次の 2 つがある．

- 費用的，時間的問題
  たとえば，日本人全体の調査の場合，母集団全体の調査には費用や時間がかかりすぎるため調査が困難となる．
- 物理的問題
  たとえば，薬の効果を調査するような場合，母集団は今後その薬を使う人全員であるため，母集団全体をあらかじめ調査することができない．

このように母集団全体の調査が難しいときは，母集団から標本を選ぶこととなる．この際，標本の特徴と母集団の特徴が似た傾向となることが重要である．

標本の特徴と母集団の特徴の差を確率的に小さくする基本的な方法は**単純無作為抽出**である．単純無作為抽出は母集団から標本を完全にランダムに選ぶ手法である．しかし，母集団が膨大な場合，単純無作為抽出ではコストがかかって

しまう．たとえば，母集団が日本人全体の場合に単純無作為抽出を行うと，一人一人の調査のために日本各地へ行かなければならなくなる．そこで，単純無作為抽出よりも調査のコストを減らすような標本抽出の方法が色々と提案されている．ここでは4つの標本抽出法について説明する．

1つ目は**系統抽出**である．系統抽出とは母集団の対象全体に通し番号をつけ，適当な対象から等間隔に標本を選ぶ方法である (図 2.25)．この方法では，通し番号がランダムにつけられていれば，母集団と標本との特徴の差は確率的に小さくなるが，系統抽出では標本調査のコストはあまり小さくならない．

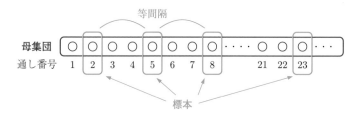

図 2.25　系統抽出

2つ目は**クラスター抽出**である．クラスター抽出とは母集団をいくつかのグループに分け，その中からランダムに抽出した1つまたは複数のグループを標本として選ぶ方法である (図 2.26)．母集団と標本の特徴の差を小さくするためには，特殊な偏りのあるグループを作らないようにするべきである．

母集団	グループ1	グループ2	グループ3 標本
	グループ4	グループ5 標本	グループ6

図 2.26　クラスター抽出

3つ目は**層化抽出**である．層化抽出とは母集団の中で似た性質をもつグループ (層) に分け (性別，年代などで分け) 各グループから標本を抽出する方法である．通常は母集団における各グループの割合と，標本における各グループの割合が等しくなるように標本を選ぶ (図 2.27)．

たとえば，ある大学の学生全体を母集団とする．この大学には A 学部，B 学

母集団

グループ A	グループ B	グループ C
標本		

グループ A，グループ B，グループ C の割合を
母集団，標本とも等しくする．

図 2.27　層化抽出

部，C 学部，D 学部，E 学部の 5 つの学部があり，各学部の人数がそれぞれ 1000
人，200 人，400 人，800 人，100 人とする．標本として 100 人を選ぶ場合，A
学部から 40 人，B 学部から 8 人，C 学部から 16 人，D 学部から 32 人，E 学部
から 4 人を選ぶ．このとき，各学部の割合が母集団の構成と一致する．層化抽
出では，各グループに似た人を集めることが重要である．

　4 つ目は**多段抽出**である．多段抽出法とは，クラスター抽出を繰り返し行っ
たのち，最後に単純無作為抽出を行う方法である．階層が増えれば増えるほど，
母集団と標本のずれが大きくなりやすいという点に注意すべきである．

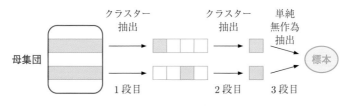

図 2.28　多段抽出

　母集団と標本のずれの程度や，標本を集めるうえでのコストを考慮しながら，
適切な標本抽出を行うことが重要となる．

2.4.4　適切なグラフの使い方

　データの特徴を一目で把握するためには，適切なグラフを用いて可視化をす
る必要がある．データの種類，項目数，比較したい内容によって使用するグラ
フは変わってくる．基本的には次のようにグラフを選ぶとよい．

- カテゴリごと (項目ごと) の量を比較するときには，棒グラフ
- 量的データの分布を確認するときには，ヒストグラム
- データの時間的な変化を調べるときには，折れ線グラフ
- あるデータに含まれる各種割合を把握するには，円グラフ
- 複数のデータの各種割合を比較するには，帯グラフ
- 複数のデータの総量および各種割合を比較するには，積み上げ棒グラフや集合棒グラフ
- 2 種類の量的データの関係を調べるためには，散布図

ヒストグラムと散布図についてはそれぞれ 2.1.1 項，2.2.2 項で説明されているので，その他のグラフの使用に関する注意点について説明する．

まず，棒グラフについての使用法について説明する．図 2.29 はある製品の重量を表した棒グラフである．B の重量がとても軽く，C がとても重い印象を受けるだろう．この棒グラフは不適切なグラフの典型例である．このように，差が大きく見えるような目盛りの取り方をしてはならない．たとえば，全体の 1 ％，または 0.1 ％しか変動していなかったとしても，その部分を拡大すれば差があるように見えてしまう．

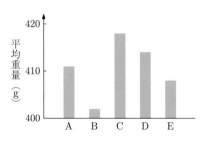

図 2.29　棒グラフの例 1

この例について，目盛りを 0 から示したものが図 2.30 の左図である．この図から確認できるように，重量の差は総量から比較すると小さいものである．棒グラフとは，棒の長さで量を表すグラフであり，目盛りを 0 からはじめることが重要である．ただし，品質管理の場面などでは，ある基準量からの差を見たいことがあるかもしれない．そのような場合は，基準量からの差についてグラフを作成すればよい．また，カテゴリ A，B，C，D，E が学年であったり，ア

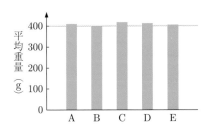 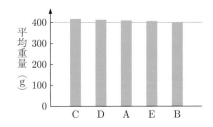

図 2.30　棒グラフの例 2

ンケート調査の「とてもそう思う」,「ややそう思う」,「どちらでもない」,「やや
そう思わない」,「全くそう思わない」のように順序があるものであれば,その
順序を変更すべきではないが,商品名を表す場合のように,その順序に特に意
味がない場合,図 2.30 の右図のように降順に並べることで,量の大小関係を一
目で把握することができる.また,グラフを描く上で単位を明確にすることも
重要である.

　次に折れ線グラフと棒グラフの違いについて説明する.まず折れ線グラフに
ついては,時間的な変化を調べるものなので,目盛りを必ずしも 0 からはじめ
る必要はないが,複数のグラフを比較するときは,その目盛りは合わせるべき
である.たとえば,図 2.31 はある 2 つの店舗の売上の推移を表した折れ線グラ
フであるが,このグラフは不適切な例である.これを見ると,店舗 A のほうが
売上が多く,安定しているように見えてしまうかもしれない.しかし,これら 2
つのグラフの目盛りは異なっている.これらの目盛りを合わせたものが図 2.32
であり,かなり印象が変わるだろう.このように,複数のグラフを比較する際
には,目盛りを合わせて比較することが重要である.

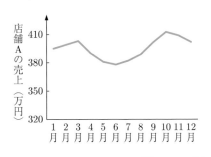 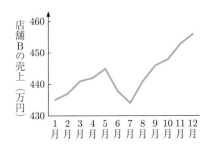

図 2.31　折れ線グラフの例 1

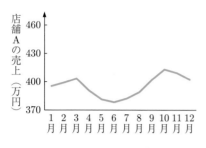
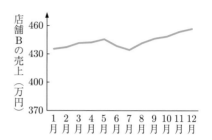

図 2.32　折れ線グラフの例 2

　また，図 2.33 は，縦軸が全く同じデータについて折れ線グラフと棒グラフで表したものである．折れ線グラフの利点は，増加量，減少量が直線の傾きによって把握できることである．たとえば，10 月以降，毎月直線の傾きが小さくなっているので，増加量が少なくなっていることが把握できる．一方，棒グラフでは，比較したい対象が隣同士だけではないので，線でつなげることに意味はない．

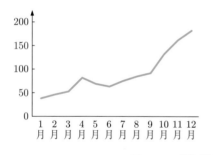

図 2.33　折れ線グラフと棒グラフ

　円グラフは，各属性の割合を円の角度を用いて表したものである．図 2.34 の左図はある都市の年齢構成を表した円グラフである．あるデータに含まれる割合を把握するのであれば円グラフは適切であるが，2 つ以上のグループの割合を比較するには適切ではない．2 つの円を比較して，各割合についてどちらが大きいかを判断することは難しい．そのような場合は図 2.34 の右図のような帯グラフを用いるとよい．帯グラフであれば，長さが割合を示すので，グループ間で割合が比較しやすくなる．

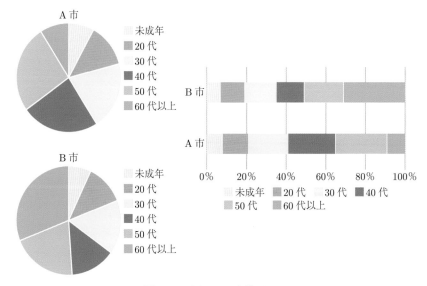

図 2.34　円グラフと帯グラフ

なお，円グラフや帯グラフでは，割合を表すことしかできない．割合と量を同時に把握するためには，積み上げ棒グラフ (図 2.35 の左図) や集合棒グラフ (図2.35 の右図) を用いるとよい．

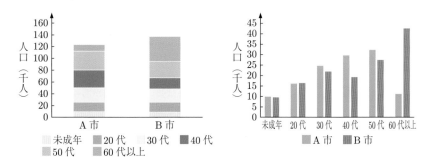

図 2.35　積み上げ棒グラフと集合棒グラフ

最後に，円グラフの代わりにしばしば用いられる 3D 円グラフについて説明する．3D 円グラフは円グラフを立体にしたものを斜めから見たものであるが，割合を視覚的に把握することができないため使うべきではない．たとえば，図2.36 は売上高に占めるいくつかの商品の割合を 3D 円グラフと通常の円グラフで表している．この中で最も割合が大きいものは商品 B と商品 E で，ともに

22％である．次に割合が大きいものは商品Dと商品Fで，ともに17％である．通常の円グラフであればこれらの割合をある程度把握できるが，3D円グラフでこれらの割合を把握することは難しいだろう．割合の数値が併記されていない3D円グラフの使用は，錯覚を与えるだけで何もメリットはない．

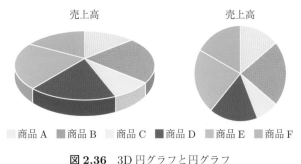

図2.36　3D円グラフと円グラフ

課題学習

2.4-1　所得が成績や学歴に影響を与えるかどうかを実験研究によって調べることができるかどうかについて検討せよ．

2.4-2　疑似相関に関する記述について，次の (a)〜(c) のうちから最も適切なものを1つ選べ.

(a) あるチェーンの飲食店について，ひと月あたりの売上と店舗面積の関係を調べたところ，強い負の相関が見られた (つまり，店舗面積が小さい店ほど，売上が高い傾向が見られた)．そこで，店舗周辺の人通りの数が第3の変数になっているのではないかと調べたところ，人通りの数とひと月あたりの売上の関係は強い正の相関があり，人通りの数と店舗面積の関係は強い負の相関があったので，ひと月あたりの売上と店舗面積の相関は疑似相関であるといえる.

(b) ある工場で製造している製品の重量に関連している工程を調べたところ，ある工程での設定値Aと製品の重量の相関がかなり強かった．しかし，現場からその工程が重量に関係するはずがないという意見があった．そこで別の工程が重量に関係していると考え，気温などの環境情報は一切調べず，別の工程に関するデータを取り，それらの工程の影響を除いた設定値Aと製品の重量の偏相関係数を調べたところ，もとの相関係数と大きな違いがなかったので，これは疑似相関でないといえる.

(c) あるスーパーで，1日の売上と降水量の関係を調べたところ，正の相関があった．ここで，この相関は疑似相関ではないかと考え，傘の販売数との関係を調べたところ，傘の販売数と1日の売上の間には相関は見られなかったが，傘の販売数と降水量の間には強い相関が見られたので，傘の販売数が第3の変数であるといえる.

## 第 3 章

データサイエンスの手法

この章では，データサイエンスで用いられるいくつかの分析手法を紹介する．これらは実際のビジネスや研究でも用いられているものであり，第 4 章で紹介するソフトウェアにも組み込まれているので，簡単に利用することができる．

3.1 クロス集計

データを分析する際に，さまざまな属性に応じてデータを分類し，表の形にまとめるのが有効である場合が多い．そのように複数の属性に応じて表形式にまとめることを**クロス集計**という．

たとえば，インターネットで商品を販売する会社で「クーポンを配布して売上を増やそう」と考えたとする．クーポンの効果を分析するためには，顧客を「クーポンを配布した」，「クーポンを配布しなかった」という 2 つに分けて分析することが必要になる．

表 3.1 は，項目名欄と合計欄を除くと縦 2 行と横 2 列からできているので，**2 × 2 のクロス集計表**という (**クロス表**，**分割表**ともいう)．そして，この表から，

- クーポンを配布した 100 人のうち 20 人 (20 %) が商品を買った．

表 3.1 クロス集計表 ①

	商品を買った	商品を買わなかった	合計
クーポンを配布した	20	80	100
クーポンを配布しなかった	30	170	200
合計	50	250	300

- 一方，クーポンを配布しなかった人 200 人のうち，商品を買ったのは 30 人 (15 %) にとどまった.

ということが読み取れ，「クーポンの配布は売上増につながったようだ」との推論ができる.

さらに細かく，「クーポン配布の効果は男女で差があるのか」ということを調べるには，表の縦をさらに細かく分けてみる必要がある. 表 3.2 では分類項目が 3 つとなったので，$2 \times 2 \times 2$ の 3 重クロス集計表という. また，性別でなく年齢階級 (たとえば 5 つ) に分けると $2 \times 5 \times 2$ のクロス集計表になる.

表 3.2　クロス集計表②

		商品を買った	商品を買わなかった	合計
クーポンを配布した	男性	12	38	50
	女性	8	42	50
クーポンを配布しなかった	男性	20	100	120
	女性	10	70	80
	合計	50	250	300

クロス集計表の項目を増やすとより細かい分析が可能となる. しかしその一方で，あまり細かくし過ぎると各項目に含まれるデータが少なくなって結果の信頼性が低くなるおそれもあり，どのような項目を選択するかは分析者のセンスが問われることになる.

3.2　回帰分析

すでに 2.3 節で回帰直線について扱ったが，各要因の影響を数値的に表すことができることから，データ分析において強力な武器である.

3.2.1　線形回帰

たとえば，スーパーマーケットの仕入れ担当者が，明日のためにアイスクリームを何個仕入れるかを決めなくてはならないとしよう. そのためには，明日アイスクリームが何個売れるかを予測しなくてはならない. アイスクリームの売上個数に影響を与える要因としてはいくつもあるが，「暑い日にはアイスクリー

ムがたくさん売れるだろう」ということは容易に想像がつく．そこで，過去の
データから，日々のアイスクリームの売上個数と最高気温のデータを調べ，回
帰分析を行う．たとえば回帰直線の式 (回帰式) が次のように得られたとする．

$$\hat{y} = 210.8 + 134.2x \tag{3.1}$$

ここで，$\hat{y}$ はアイスクリームの売上個数の予測値 (個)，x は最高気温 (℃) であ
る．この結果から「最高気温が 1℃ 上昇すると，アイスクリームの売上は 134.2
個増えるだろう」という予測ができ，明日の予想最高気温が 30℃ であれば式
(3.1) に $x = 30$ を代入して $\hat{y} = 4236.8$ という予測ができる．

　さらに，最高気温だけでなく，価格を安くすれば多く売れる，平日より休日
のほうが多く売れる，というような要因を追加することもできる．

　価格については，式 (3.1) の右辺に変数として追加すればよい．「休日かどう
か」は数値ではないので，そのままでは回帰式に入れることができないが，「休
日のときは 1，平日のときは 0」という値をとる変数 D を考えることによって，
回帰式に含めることができる (このような変数を**ダミー変数**という)．このよう
に，説明変数が 2 つ以上ある場合の回帰分析を**重回帰分析**というが，これにつ
いても変数が 1 つの場合 (**単回帰分析**とよぶ) と同様，最小二乗法により計算ソ
フトで簡単に求めることができる．たとえば，回帰式が次のように得られたと
する．

$$\hat{y} = 195.4 + 118.1x - 5.8p + 30.4D \tag{3.2}$$

ここで，p はアイスクリーム 1 個の価格 (円)，D は休日のとき 1，平日のときは
0 となるダミー変数である．この結果から「アイスクリームの価格を 1 円上げる
と 5.8 個売上が下がる」，「休日は平日より 30.4 個売上が上がる」などの予測が
できる．

3.2.2　結果の見方の例——平均寿命と喫煙

　厚生労働省が発表した「都道府県別生命表 (平成 27 年)」では，男性の平均寿
命において，滋賀県が長野県を抜いて全国一の長寿県となった．これにはさまざ
まな要因が指摘されているが，その中に「滋賀県の喫煙率の低さ」があげられる．
喫煙が健康に悪影響を及ぼすことはいくつもの医学的研究で指摘されていること

であるが，都道府県別のデータを使って，
平均寿命と喫煙率との関係を見てみよう．

　用いるデータは，「国民健康・栄養調査
(平成 24 年)」(厚生労働省) の喫煙率 (男
性，20 歳以上) と，「都道府県別生命表 (平
成 27 年)」(厚生労働省) の平均寿命 (男性)
である．これらはインターネットから簡
単に入手できる．第 2 章でも紹介した散

図 3.1　たばこ警告表示

布図を描いて回帰分析を行ったのが図 3.2 である．

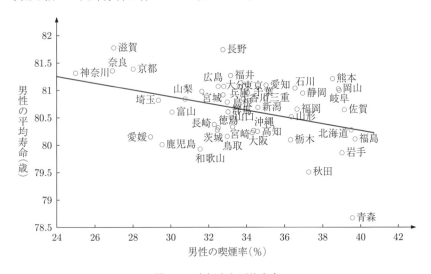

図 3.2　喫煙率と平均寿命

　表計算ソフト Excel で回帰分析を行うと，図 3.3 のような結果が出力される．
これを見ると，回帰式は，

$$(平均寿命の予測値) = 82.7 - 0.06 \times (喫煙率) \tag{3.3}$$

という式になることがわかる．

　出力結果で，まず注目するのが，**決定係数** (「重決定 R2」) のところである．
これは回帰式がどの程度当てはまっているかの目安であり 0 から 1 の間の値を
とる．この値が大きいほど，回帰式としては当てはまりがよいことになる．こ

回帰分析	
重相関 R	0.386613
重決定 R2	0.14947
補正 R2	0.130569
標準誤差	0.537603
観測数	47

	係数	標準誤差	t	P-値
切片	82.74262	0.747502	110.6921	1.78E−56
X 値 1	−0.06186	0.021997	−2.81215	0.007266

図 3.3 回帰分析の結果

の例では決定係数は 0.149 なのでやや低い，すなわち喫煙率だけでは都道府県別の平均寿命の違いを十分にはモデル化できていないことを示唆している．ただし，時系列データのように一定の傾向 (トレンド) をもつ場合には決定係数は大きく 0.9 くらいになることもあるが，この例のように一時点での都道府県別データのような横断的なデータ (クロスセクションデータ) では決定係数はそれほど大きくなく，0.3〜0.4 程度であるのが一般的である．

　次に見るのが「X 値 1」の「係数」のところで，約 −0.06 となっている．これは，X (ここでは喫煙率 (%)) の係数が −0.06 であることを示しており，「喫煙率が 1% 上がると，傾向としては平均寿命が 0.06 歳下がる」ことを意味している．この係数が大きいほど，その変数が結果 (目的変数) に与える影響が大きいということになるが，変数の単位のとり方 (たとえば，パーセント (百分率) で見ているか，パーミル (千分率) で見ているか) でも結果は違ってくるので注意が必要である．

　次に見るのが「X 値 1」の「t」または「P-値」のところである．それぞれ約 −2.8, 0.007 となっている．これは係数が 0 か否かの **t 検定**をした結果を表している．t 検定について詳しくは専門書に譲るが，ここでの分析で最も重要なのは「喫煙率は平均寿命に負の影響を与えているといえるか」，つまり「回帰分析の係数が，本当に 0 でないといっていいのか」ということである．ここでの計算結果では，係数が −0.06 となったが，統計分析ではデータの誤差がつきものであるので，たまたま係数がマイナスになっただけかもしれない．そのような誤

差を考慮して，この回帰係数を分析したところ，t-値とよばれるものは -2.8 と
なった．これを，t 分布という確率分布の表と照らし合わせると「本来の係数
は 0 であるのに今回たまたま 0 から 0.06 以上離れた確率は 0.007 です」という
のが P-値が 0.007 であることの意味である．確率 0.007（= 0.7 %）というのは
めったに起こらないことなので，この場合は「喫煙率が平均寿命に与える影響は
0 でないと判断してもよかろう」ということになる．P-値がいくらであればよ
いかについては特に決まりはないが，経済学や社会学では P-値が 0.05（= 5 %）
以下というのを一応の判断基準とすることが多い．

3.2.3 外れ値の影響

第 2 章でも説明したように，外れ値は相関係数や回帰分析の結果に大きな影
響を及ぼす．そのため，実際の分析の際には，できるだけ散布図を描いて，外
れ値がないかを確認すべきである．

外れ値があった場合はそれを分析の対象から除外することが多いが，本当に
除いてよいかは十分に考える必要がある．たとえば，大きな地震のようなめっ
たに起こらない現象を分析する際には，地震の発生はほとんどが外れ値となっ
てしまうであろう．それらを全部除いてしまっては，分析の意味がなくなって
しまう．外れ値かどうかを散布図などで確認したうえで，それを除くかどうか
は，データの特性や分析目的を踏まえて，十分に検討するべきである．

3.2.4 逆回帰

先ほどの平均寿命の例では，喫煙率を説明変数，平均寿命を目的変数にした
が，どちらを説明変数にしてどちらを目的変数にするかはかなり重要な問題で
ある．実際，どちらを説明変数にするかで，回帰分析の結果は異なってくるの
である．

これは，回帰係数を求めるときの最小二乗法でどのような計算をしているか
を考えればわかるであろう．図 3.4 のように，説明変数が x（横軸）であれば，最
小二乗法は縦方向の距離の 2 乗の和を最小化しているのだが，説明変数が y（縦
軸）であれば横方向の距離の 2 乗の和を最小化することになる．やっていること

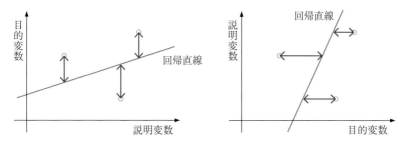

図 3.4　説明変数と目的変数を入れ替えると回帰直線も変わる

が違うのだから結果も当然異なることになる.

　たとえば, x を説明変数にして,

$$\hat{y} = 0.4 + 0.8x \tag{3.4}$$

という回帰式が得られたからといって, これを x について解いて $x = -0.5 + 1.25\hat{y}$ となるから y を説明変数にして回帰分析した結果が $\hat{x} = -0.5 + 1.25y$ となるとは限らない (x と y が完全に一直線上に載っている場合以外は, そうはならない) のである.

　このことの最も有名な例は, 回帰分析の語源ともなった, イギリスのフランシス・ゴルトン卿の研究であろう. 彼は, 親の身長と子供の身長との間に関連があるかを調査し, 現在でいう回帰分析を行って親の身長を説明変数, 子供の身長を目的変数として計算を行ったところ, 係数はプラスであるが 1 より小さいことを見出した. 彼はこのことを, 親の身長が高いときにその子どもも身長が高い傾向にはあるものの親ほどは高くなく平均に近づいていくという意味で「平凡人への回帰」とよんだ. これが「回帰分析」の語源となったのであるが, このことは未来世代の子孫の身長が平均にどんどん近づいていくことを意味しているのではない. 実際, このようなケースでは, 逆に親の身長のほうを目的変数, 子供の身長のほうを説明変数にして分析しても, 係数はプラスで 1 より小さい (つまり親の身長のほうが平均に回帰していく) ということになる (＝親のほうが平凡人！) のが一般的である.

　データ分析においては, 分析の目的に合わせて説明変数と目的変数を選択することが必要である.

3.2.5　主成分分析による説明変数の合成

　ビッグデータを分析していると，「データの項目数が多すぎて困る」ということがしばしば起こる．たとえば，マーケティング分析を行う際に，顧客がどの商品を買ったかというデータを見ていると，「A 社のバッグを買った」，「B 社の靴を買った」，…と項目が多すぎて処理に困ることがある．回帰分析を行う場合にも，説明変数の個数があまりにも多いと，それら変数相互の関係が出てきて厄介である．そのような場合には**主成分分析**とよばれる手法によって，似たような変数をまとめて新しい変数を作ることがある．なお，機械学習では，主成分分析や他の手法を用いて作ったデータの特徴を表す有用な変数を**特徴量**とよぶ．

　例として，学校における試験の点数の分析を考えよう．試験科目には英語，数学，物理，化学，地理，…とさまざまあるが，物理と化学の点数はかなり似通ったものになると思われる．そのような場合，図3.5のように，物理と化学の1次関数の方向に新たな軸を作れば，両方の特徴を捉えるような新しい変数 (たとえば「理科」と名付けよう) を作ることができる．このような手法を主成分分析という．

　具体的な計算は線形代数の知識が必要になるのでここでは述べないが，ビッグデータ分析では，変数が多すぎる場合に，主成分分析によって変数を減らす (次元を下げる) ことが多い．

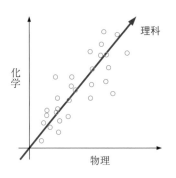

図 3.5　主成分分析

3.2.6　ロジスティック回帰分析

　これまでの例では，回帰分析の目的変数 Y は連続的な数値をとるものであった．しかし，実際のビジネスなどでは，連続的な数値だけでなく，「商品を買う

か買わないか」や「ロケットの打ち上げが成功か失敗か」といった質的な変数
についても要因を分析したいということがある.

　その場合は, 目的変数 Y のとる値を, 先ほどのダミー変数と同様,「商品を
買った場合に 1, 買わなかった場合に 0」のようにすれば回帰分析を行うことが
できる. ただし, その場合, 第 2 章で述べたような直線を当てはめるとデータ
とのずれが大きくなることは見てとれるだろう. そのため, この場合は**ロジス
ティック曲線**とよばれる曲線を当てはめた回帰式

$$\hat{y} = \frac{1}{1 + \exp(-(a + bx))} \tag{3.5}$$

を考え, 係数 a, b の値を推計することが多い. ここで, $\exp(x) = e^x$ (e はネイ
ピア数で約 2.71828) は指数関数である. ロジスティック曲線を当てはめる回帰
分析を**ロジスティック回帰分析**という[1].

　なお, ロジスティック曲線は, 後に紹介するニューラルネットワークでもよ
く用いられている. 形がアルファベットの S に似ていることから, **シグモイド
曲線**とよばれることもある. 意味するところは同じであるしどちらの呼び名を
使ってもよいが, ニューラルネットワークや AI (人工知能) の分野ではシグモ
イドとよぶことが多い.

　ロジスティック回帰分析は, 第 2 章で述べた最小二乗法ではなく, 最尤法と

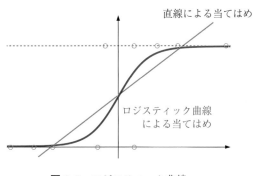

図 3.6 ロジスティック曲線

---

[1] 厳密には, ロジスティック回帰分析は, ロジスティック曲線が 0 から 1 の間の値をとること
から, $\hat{y}$ を「$y = 1$ となる確率」とみなして, 与えられたデータが起こる確率 (尤度という)
が最大になるように係数 a, b の値を求める.

よばれる方法で計算する．ロジスティック回帰分析は Excel には組み込まれていないが，第4章で紹介する R のような統計解析ソフトには組み込まれており簡単に利用することができる．

3.3　ベイズ推論

3.3.1　ベイズの定理

ベイズ推論は確率論における**ベイズの定理**に基づいて，観測されたデータから，原因を推測する方法である．

ある事象 A が起こる確率を $P(A)$，事象 B が起こった場合に事象 A が起こる条件付き確率を $P(A|B)$ で表す．定義より

$$P(A|B) = \frac{P(A \cap B)}{P(B)} \tag{3.6}$$

である．ここで，$P(A \cap B)$ は事象 A, B がともに起こる確率である．

ベイズの定理とは，全事象が互いに交わりをもたない n 個の事象 $A_1, A_2, \ldots, A_n$ に分けられているとき，ある事象 B が起こったときの条件付き確率 $P(A_1|B)$ は

$$P(A_1|B) = \frac{P(B|A_1) \times P(A_1)}{P(B|A_1) \times P(A_1) + P(B|A_2) \times P(A_2) + \cdots + P(B|A_n) \times P(A_n)} \tag{3.7}$$

となる，というものである．

これは，図3.7 を見るとわかりやすいであろう．確率を面積で表すと，条件付き確率は面積比となるから，条件付き確率 $P(A_1|B)$ というのは，図3.7 でいうと

$$\frac{(A_1 \text{と } B \text{ の共通部分の面積})}{(B \text{ 全体の面積})} \tag{3.8}$$

であり，A_1 と B の共通部分がベイズの定理の分子，B 全体はタテの点線に沿っ

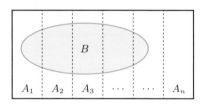

図3.7　ベイズの定理

て切ったものを足し合わせたものでそれが分母になっている，ということである．「定理」とついているが，条件付き確率の定義からすぐに導かれる自明な式であることがわかるだろう．ベイズ推論では，$P(A_1)$ を A_1 の事前確率，$P(A_1|B)$ を事象 B が起きたあとの A_1 の事後確率として用いる．

3.3.2　ベイズ推論の応用例——迷惑メールの検出

ベイズ推論の応用例としては，電子メールにおける迷惑メール (スパムメール) の検出がある．われわれは毎日，大量の電子メールを受け取るが，そのうちの多くは，怪しげなセールスといった，いわゆる迷惑メールである．迷惑メールとそうでないメールとを自動的に判別できないものであろうか．ここで登場するのがベイズ推論である．

図 3.8　迷惑メール

迷惑メールには，「無料ご招待」や「当選」のような，読む人を惹きつけるいくつかの特徴的な言葉が用いられることが多い．もちろん，迷惑メールでない普通のメールにおいてもこれらの言葉が使われることもあるが，可能性としては，迷惑メールで使われることのほうが多いであろう．メールに含まれる単語をもとに，迷惑メールかどうかを確率的に判断することを考えよう．

ベイズ推論を行うためには，「事前確率」および「条件付き確率」が必要である．迷惑メール判断のような場合は事前確率に過去のデータを使うことができる．たとえば，表 3.3 のようなデータから，「無料ご招待」および「当選」という両方の言葉を含むメールが迷惑メールである確率を計算してみよう．

迷惑メールである確率を P(迷惑メール)，「無料」という言葉を含むメールが迷惑メールである条件付き確率を P(迷惑メール |「無料」) などで表すこととする．

10 通のうち 3 通が迷惑メール，7 通が普通のメールなので，事前確率は，P(迷惑メール) $= 0.3$, P(迷惑メールでない) $= 0.7$ としてよいだろう．あとは，P(「無料ご招待」∩「当選」| 迷惑メール) などの条件付き確率が必要であり，そうやって計算してもよいのだが，判定に用いる単語の数が増えれば (たとえば n 個)，それぞれの単語が含まれるか含まれないかの組み合わせは 2^n 通りと

表 3.3 ベイズ推論

	「無料ご招待」	「当選」	迷惑メールかどうか
1	－	○	迷惑メール
2	○	－	迷惑メール
3	－	○	迷惑メール
4	－	－	普通のメール
5	○	－	普通のメール
6	－	○	普通のメール
7	－	－	普通のメール
8	－	－	普通のメール
9	－	－	普通のメール
10	－	－	普通のメール

なって，計算が大変である．また，表 3.3 のように，「無料ご招待」と「当選」の両方を含むデータが存在しないこともありうる．そのため，実務上よく用いられる「単純ベイズモデル (ナイーブベイズモデル)」とよばれるものでは，"迷惑メールに対し，「無料ご招待」という言葉が使われるかどうかと「当選」という言葉が使われるかどうかなどは独立"，すなわち

　　P(「無料ご招待」∩「当選」| 迷惑メール)

　　　　$= P$(「無料ご招待」| 迷惑メール) $\times P$(「当選」| 迷惑メール)　　　(3.9)

と仮定する．そうすれば，条件付き確率としては n 通りの値を準備しておけばよいので計算が少なくて済む．普通のメールについても同様に仮定する．

　この仮定の下で，条件付き確率を計算すると，

　　P(「無料ご招待」∩「当選」| 迷惑メール)

　　　　$= P$(「無料ご招待」| 迷惑メール) $\times P$(「当選」| 迷惑メール)

　　　　$= \dfrac{1}{3} \times \dfrac{2}{3} = \dfrac{2}{9}$　　　(3.10)

　　P(「無料ご招待」∩「当選」| 普通のメール)

　　　　$= P$(「無料ご招待」| 普通のメール) $\times P$(「当選」| 普通のメール)

　　　　$= \dfrac{1}{7} \times \dfrac{1}{7} = \dfrac{1}{49}$　　　(3.11)

となり，ベイズの定理より，

$$P(迷惑メール \mid 「無料ご招待」\cap「当選」) = \frac{\frac{2}{9} \times \frac{3}{10}}{\frac{2}{9} \times \frac{3}{10} + \frac{1}{49} \times \frac{7}{10}}$$

$$= \frac{14}{17} = 0.82\cdots \tag{3.12}$$

と計算される．この結果から，何も情報がない状況では迷惑メールである確率は 30 ％ であったのに，「無料ご招待」と「当選」という言葉を含んでいるという情報を得ることによって，迷惑メールである確率は 82 ％ に改められた，ということになる．

ベイズ推論は，上記のようなもの以外にもさまざまな分野で応用されており，たとえば以下のような分野への応用が可能である．

- B 君は，熱が 39 度あって，筋肉痛もあるが，咳はない．この場合，B 君はインフルエンザであるか
- 容疑者 C は，犯行現場に残された血痕と血液型は一致しており，履いている靴のメーカーも現場に残された足跡と一致している．この場合，容疑者 C は犯人であるか

3.4 アソシエーション分析

アソシエーション分析は，「おむつを買う人は，同時にビールを買う確率が高い」という分析で有名になった手法であり，マーケティングの分野では「どの商品が一緒の買い物かごに入っているか」という意味でマーケットバスケット分析とよばれることもある．単純ではあるが，

図 3.9 スーパーマーケット

大量のデータから，どの 2 つの事柄が同時に起こる可能性が高いかを発見することに使える，汎用性の高い手法である．

まず，「おむつを買う人は，同時にビールを買う確率が高いのか」が数学的にはどのように表されるのかを考えよう．このことは，確率の言葉に言い換えると，「ある人が，おむつを買ったという条件の下で，ビールも買う確率」という条件付き確率を求めることになる．

おむつを買う確率を $P($おむつ$)$ で表すことにすると, 条件付き確率は,

$$P(\text{ビール}\,|\,\text{おむつ}) = \frac{P(\text{ビール} \cap \text{おむつ})}{P(\text{おむつ})} \tag{3.13}$$

である. 一方, これと比較するのは, 「ある人が, おむつを買ったかどうかに関係なく (条件なしで) ビールを買う確率」であり, これは $P($ビール$)$ と表される. 「おむつを買う人は, 一般の人と比べて, 同時にビールを買う確率が高い」ということは, $P($ビール$\,|\,$おむつ$)$ が $P($ビール$)$ より大きいということだから, これは, 比 $\dfrac{P(\text{ビール}\,|\,\text{おむつ})}{P(\text{ビール})}$ が 1 より大きいかを見ればよい.

条件付き確率の定義より,

$$\frac{P(\text{ビール}\,|\,\text{おむつ})}{P(\text{ビール})} = \frac{P(\text{ビール} \cap \text{おむつ})}{P(\text{おむつ}) \times P(\text{ビール})} \tag{3.14}$$

となる. これを**リフト値**といい, リフト値が 1 より大きければ「おむつを買う人は, 同時にビールを買う確率が高い」ということになる. この場合, お店としては, おむつの横にビールを陳列しておけば, 売上アップが期待できるであろう. このようにして, リフト値を計算して「ある 2 つの事柄が同時に起きる可能性が高いか」を分析する手法を**アソシエーション分析**という.

なお, 実際のビジネスでは, リフト値が 1 より大きいからといって, それだけで商品を並べておくということにはならない. おむつを買った人がビールも一緒に買う確率がもともと 0.1 % くらいであれば, それが通常の人がビールを買う確率の 2 倍だからといってわざわざ商品陳列を変えたりはしないであろう. また, そもそもビールとおむつを一緒に買う人が 1 年間に 1 人か 2 人しかいなければ, やはりそのために商品陳列を変えたりはしないであろう. そのため, リフト値が 1 より大きいかどうかだけでなく,

$$\text{支持度} = P(\text{おむつ} \cap \text{ビール}) \tag{3.15}$$

$$\text{信頼度}(\text{おむつ} \rightarrow \text{ビール}) = P(\text{ビール}\,|\,\text{おむつ}) = \frac{P(\text{ビール} \cap \text{おむつ})}{P(\text{おむつ})} \tag{3.16}$$

といった指標も使う. 支持度は 2 つの商品を同時に買った人の割合を表し, 信頼度は一方の商品を買った人のうちもう一方も買った人の割合を表す. そこで,

「支持度や信頼度が (たとえば) 0.1 以上のものの中から，リフト値が 1 を超えるものを選ぶ」という形で，ビジネスに意味があるものを選ぶこととなる．なお，式 (3.14)〜(3.16) からわかるように，リフト値と支持度はおむつとビールの順序を入れ替えても同じ値になるが，信頼度は「おむつ → ビール」と「ビール → おむつ」で異なる値となるので，順番が重要である．

P (おむつ) や P (ビール ∩ おむつ) は，たとえばスーパーマーケットの POS データを使って，

$$P(\text{おむつ}) = \frac{\text{おむつを買った客の数}}{\text{すべての客の数}} \tag{3.17}$$

$$P(\text{ビール} \cap \text{おむつ}) = \frac{\text{ビールとおむつの両方を買った客の数}}{\text{すべての客の数}} \tag{3.18}$$

として求められる．

スーパーマーケットで扱う商品の種類は非常にたくさんあるので，その中からビジネス的に意味のある商品の組み合わせを見つけ出すのは手作業ではたいへんな作業である．アソシエーション分析で用いられるリフト値や支持度，信頼度などの指標は掛け算，割り算だけで計算できるので，コンピュータを使って多数の商品の組み合わせに対するこれら指標を計算し，意味のある組み合わせを見つけ出すときに，計算時間が短くて済む．この計算の簡便さもアソシエーション分析の有用性の 1 つである．

アソシエーション分析は，スーパーマーケットの商品分析だけでなく，アンケートのテキスト分析 (「満足」という言葉と同時に現れる確率が高い単語の抽出) など，幅広い分野で使うことができる．

3.5 クラスタリング

3.5.1 距離とクラスタリング

ビッグデータを扱うビジネスでは，対象の数は一般に極めて多数になる．たとえば，インターネットショッピングでは顧客の人数が数百万人になることも珍しくない．そのような多数の顧客は好みも千差万別であろうから，全員に同じキャンペーンメールを一斉送信することは効率が悪いであろう．そうすると，顧客をいくつかの属性 (年齢，年収，家族構成，買ったものなど) を使って互い

に似通った人同士にグループ分けし，それぞれのグループに対して最適なキャンペーンメールを送ればよいということになる．この，「いくつかの属性を使って，互いに似通った人同士でグループ分けする」というのが**クラスタリング**とよばれる手法である．マーケティングでは，グループをセグメントということもある．

クラスタリングを行うには，まず，どのような属性を使ってグループ化するかを決めなくてはならない．ネットショッピングであれば，顧客の年収やこれまで何をいくら買ったかという情報が重要であろう．子供向けおもちゃの通販サイトであれば子供がいるかといった家族構成も重要であろう．このように，どのような属性を使ってクラスタリングを行うかは，分析者が分析の目的を踏まえて決定する必要がある．

次に，「似通っているかどうか」を数学的に表す必要がある．これは，数学的には「距離」というものを定義して，

$$似通っている \iff 「距離」が近い$$

と判断すればよい．「距離」というのは，「滋賀県と京都府は近い」のような物理的距離だけでなく，「A さんと B さんは年収の金額が近い」のようなものも考えることができる．この場合は，

A さんと B さんの年収の「距離」＝|(A さんの年収)−(B さんの年収)|　(3.19)

とすればよい (| | は絶対値).

さらに，年収だけでなく，年齢のような他の属性も一緒に考えた場合の「距離」はどうなるであろうか．図 3.10 には，「年収」と「年齢」の 2 つの属性を

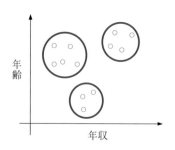

図 3.10　*クラスタリング*

使ってクラスタリングをする例をあげているが，この図における A さんと B さんの距離は，三平方の定理を使って，

$$\sqrt{(\text{A さんの年収}-\text{B さんの年収})^2+(\text{A さんの年齢}-\text{B さんの年齢})^2} \quad (3.20)$$

と計算できる．2 つの軸の単位が異なるが，ここでは抽象的な「距離」と考えることにする．さらに属性の種類が増えて 3 次元，4 次元，⋯ となった場合でも，

$$[(\text{A さんの年収}-\text{B さんの年収})^2+(\text{A さんの年齢}-\text{B さんの年齢})^2$$
$$+(\text{A さんの家族の人数}-\text{B さんの家族の人数})^2$$
$$+(\text{A さんの旅行支出}-\text{B さんの旅行支出})^2+\cdots]^{\frac{1}{2}} \quad (3.21)$$

という計算で，距離を求めることができる．

3.5.2　階層クラスタリング

　このようにして似通っている度合い＝「距離」を決めて，次に，どうやってグループを作っていくかを考えよう．まず思いつくのは，距離が一番近い 2 つの点を選んできてそれをくっつけ，次にまた距離が近いものをくっつけ，⋯ ということを繰り返していくことである．つまり，

① まず，A さん，B さん，C さん，D さん，E さん，⋯ の中から距離が一番近いものを選んでくっつけ (たとえば B さんと D さんであったとして)

② 次に，A さん，{B さんと D さん}，C さん，E さん，⋯ の中から距離が一番近いものを選んでくっつけ[2]，

③ 次に，⋯(繰り返し)

ということを行うのである．

　すると，図3.11 のようにトーナメント表のようなものができる．これにより，全体をたとえば 3 つのグループ (クラスター) に分けたければ，上から 2 段目ま

---

[2] 「A と {B, D} の距離」をどう計算すればよいかは必ずしも明らかではない．実は，このような距離は，いくつかの考え方があり，

- 「A と B の距離」と「A と D の距離」の短い方をとる方法
- 「A と B の距離」と「A と D の距離」の長い方をとる方法
- 「A と {B と D の真ん中の点} との距離」をとる方法

などがある．そして，どの方法をとるかによって結果も異なるものになるが，本書の程度を超えるものであるのでここでは省略する．

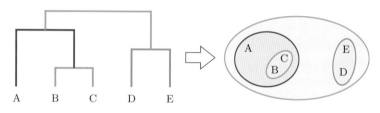

図 3.11　階層クラスタリング

でを見て，A と {B, D} と {C, E} というグループだということになる．

　このように，下から積み上げていってクラスタリングを行うものを**階層クラスタリング**という．

　階層クラスタリングは直観的にも意味がわかりやすいが，計算量が膨大になるという欠点がある．たとえば，1万人の人をクラスタリングしようとすると，最初に一番距離が近い2人を選ぶのに，1万人から2人を選ぶ組み合わせ $_{10000}C_2 = 49,995,000$ 回の計算を行ってそれらの大小を比較し，次に $_{9999}C_2 = 49,985,001$ 回の計算を行ってそれらの大小を比較し，・・・ということを延々と行う必要がある．そして，実際に使うのは，せいぜい最後の数段のところだけということになる．ビッグデータを扱う場合，計算量が膨大であるということは大きな欠点である．

3.5.3　非階層クラスタリング：*k*-means 法

　階層クラスタリングの欠点を克服するために考えられたのが，**非階層クラスタリング**とよばれる手法である．ここでは，非階層クラスタリングの中で代表的な手法である ***k*-means 法**を紹介しよう．

　k-means 法では，まず，全体をいくつのグループ (クラスター) に分けるかを決める．そして，たとえば $k = 5$ 個のクラスターに分けるとした場合，対象を適当に (!) 5つのグループに分けてみるのである．すると，当然のことながら，それらは最も距離が近いもの同士になっているとは限らない．そこで，5つのグループそれぞれについてその中心点を求め，各点がどの中心点に最も近いかを計算して最も近いグループに分類し直すのである．こうすると，それぞれの点が各グループの中心点のうち最も近いところに分類できるように思うかもしれ

ないが，残念ながら，ここで用いた各グループの中心点は最初のグループ分けのときの点から求められたものなので，分類し直しのために中心点は最初のものからずれてしまう．そのため，また新しいグループ分けに対して各グループの中心点を求め，それぞれの中心点に最も近い点を集めて分類し直し，··· ということを何度も繰り返すのである．このような計算を分類し直しがなくなるまで (収束するまで) 行う．計算が大変だと思うかもしれないが，実際は階層クラスタリングよりもはるかに速く，最終的な答えにたどり着くことができる．

　クラスタリングは，対象をいくつかのグループ (クラスター) に分類してくれるが，それぞれのクラスターがどのような性格をもっているかは分析者が解釈を行う必要がある．たとえば，「このクラスターは，年収が高く旅行支出も多い．では，これらの人に，旅行商品を勧めるメールを送ってみよう」といったことは，分析者が別途考える必要がある．また，k-means 法のような非階層クラスタリングでは，いくつのクラスターを作るかといった条件設定や，最初の (適当な) グループ分けにより結果が異なったものになる場合があることには注意が必要である．しかし，そのような欠点はあるものの，全体的な傾向をつかむという意味では強力な手法であり，実際のビジネスでは数多く用いられている．

3.6　決定木

3.6.1　決定木の例

　読者はタイタニック号の悲劇について知っているであろう．豪華客船タイタニック号が処女航海において北大西洋で氷山に衝突し多くの犠牲者を出した痛ましい事故である．

　タイタニック号の遭難では，

図 3.12　タイタニック号沈没
(ウィリー・ストーワー，1912)

- 女性のほうが男性より生き残りやすかった
- 1 等船室の客員のほうが，2 等や 3 等の客員より生き残りやすかった

などのことがいわれている．これらのことをデータで検証するためには，すでに紹介したクロス集計表によるのが最も基本的な手法である．

　ただ，上記のように，性別や客室の等級のような複数の要因があるときに，そのうちのどれが大きな影響を及ぼしたのかを分析する手法はないだろうか．ここで紹介する**決定木分析**は，そのような複数の要因を整理してビジュアル的に示してくれる手法である．

　数学的にどのような計算をしているかは後回しにして，まず，決定木がどのようなものか，図 3.13 で見てみよう．

　タイタニック号には乗客，乗員合わせて 2201 人が乗っており，そのうち生き残ったのは 711 人，死亡したのは 1490 人であった．乗っていた人たちは，性別や年齢，船室の等級などの項目によって分類できるが，それらの項目のうちのどれがその人の生存・死亡と大きく関係していたかを分析したのが図 3.13 である[3]．

　これを見ると，生存・死亡と最も関連が深かったのがその人の性別であることがわかる．「性別」の枝分かれを左下にたどっていくと，女性であれば 470 人のうち 344 人が生き残って 126 人が死亡したことがわかり (生存率 73 %)，一

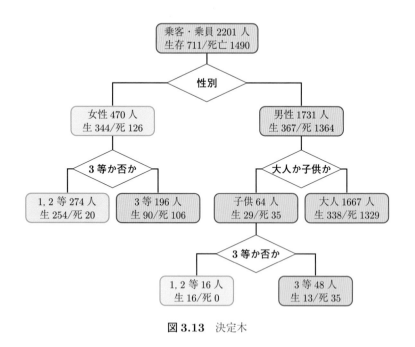

図 3.13　決定木

---

[3] タイタニック号の犠牲者数については諸説あるが，ここでは，第 4 章でも紹介する統計ソフト R のデータセットに含まれているものを使用した．

方，枝分かれを右下にたどっていくと男性であれば1731人のうち367人が生き残って1364人が死亡しており (生存率21%)，性別が生死の大きな分かれ目であったことが見てとれる．次に，女性についてどのような項目が生死に関連が深かったかを見ると，それは等級であって，3等船客以外 (1等，2等および乗員) であれば274人のうち254人が生き残ったが3等船客だと196人中90人しか生き残らなかったということが見てとれる．図では生存率が50%以上のところを青，50%未満のところを赤で示した．

3.6.2 決定木の作り方

図3.13がどのようにして描かれたのか，数学的背景を説明しよう．図にあるような分かれ目のことをノードとよぶ．どのようなノードが「良い」ノードといえるだろうか．

$m+n$人の人を，ある基準 (性別とか年齢とか) で分けたときに，左側に分類された人々の生存確率がp_1，右側に分類された人々の生存確率がp_2となったとしよう (図3.14)．よいノードというのは，分類が完全であること，つまり左側に分類された人は全員生き残り ($p_1 = 1$)，右側に分類された人は全員亡くなる ($p_2 = 0$) というものであろう．ただし，実際にはそのように完全に分離できることはまれである．p_1やp_2が0や1に近いということを表す指標を考え，その指標の大小でノードの良し悪しを判断することになる．

そのような指標としてはいくつか考えられているが，その中でも計算が少なくて済むのが，ここで紹介するジニ指標である (ジニの不純度指標ともいう．不平等度の指標として用いられるジニ係数と同じイタリアの数学者Giniが考えたもの)．

図3.14の左側の分枝を見ると，生存確率がp_1であり，したがって死亡する

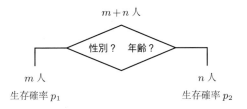

図3.14 決定木のノード

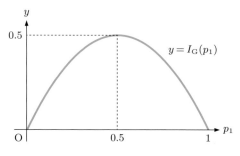

図 3.15 ジニ指標

確率は $1 - p_1$ となる．ここで，ジニ指標を，次のように決める．

$$I_G(p_1) = 1 - {p_1}^2 - (1 - p_1)^2 = 2p_1(1 - p_1) \tag{3.22}$$

これは $p_1 = 0$ と 1 のときに 0 となる，上に凸の 2 次関数となる (図 3.15)．これを見ると，p_1 が 0 か 1 に近いほど I_G が小さくなり，不純度が低い (= きれいな分類) となることが見てとれる．

　これでノードの左側のジニ指標が計算できたが，右側も合わせたノード全体のジニ指標を，左右の加重平均

$$I_G = \frac{m}{m + n} I_G(p_1) + \frac{n}{m + n} I_G(p_2) \tag{3.23}$$

と定義する．

　「ノードを性別としたときのジニ指標」，「ノードを年齢としたときのジニ指標」，「ノードを客室の等級としたときのジニ指標」などを計算し，ジニ指標が最も小さくなるようなものをはじめのノードに選ぶ．次に，それぞれの枝分かれに対し，同様にジニ係数が最も小さくなるようなノードを選んでいく．このようにして図 3.13 の決定木が描かれている．

　決定木分析は，結果が視覚的にわかりやすいこと，計算が簡単であることなどから，ビジネスの分野でも頻繁に用いられている．応用分野は広く，たとえば「わが社の販売している飲料をよく買ってくださるお客様はどのような方か」を分析するのに，年齢や性別，住んでいる地域などによって決定木を描く，といった使い方がある．

3.7 ニューラルネットワーク

ニューラルネットワークは，動物の神経回路の働きをモデルにした情報処理のネットワークであるが，近年，AI (人工知能) の基礎として，広く用いられるようになっている.

3.7.1 ニューラルネットワークの考え方

動物の神経の一つひとつは，とても単純な働きをしていると考えられている. 外部からの刺激 (光や熱や痛みといったもの) があると，その刺激が弱いものであれば特に何の反応も示さないが，刺激の強さがある限界点 (閾値とよばれる) を超えると出力信号を出し，ネットワークの次の細胞に引き継ぐ. その信号を受け取った神経はまた同様の働きをして，入力がある閾値 (さきほどの神経の閾値とは異なる) を超えると出力信号を出し，ということが積み重なって，複雑なネットワークを形成している.

図 3.16 の一つひとつの ⬤ 印をユニットとよぶ. ニューラルネットワークとはこのように多数のユニットが組み合わさってネットワークを形成したものである. そして，一番左側のユニットの集まりを入力層，一番右側を出力層，その間を中間層という. 中間層が複数あるものは深層ニューラルネットワークとよばれ，これを使った機械学習が**深層学習 (ディープラーニング)** である. 複数のユニットに対して出力を出すユニットもあるし，逆に複数のユニットから入力を受け取るユニットもある.

それでは，複数の入力があるユニットは，どのような働きをするのだろうか. ニューラルネットワークでは，複数の入力があった場合のユニットの働きを，次のようにモデル化している.

入力が $x_1, x_2, x_3, \ldots$ であったとき，それぞれの入力を公平に扱うことは必ずしもないであろう. 1 番目の入力は重要だからウェイトを高く評価するということもあるだろうし，中には他の入力とは逆方向 (マイナスの方向) に働くものもあるだろう. それらをまとめて簡単に 1 次関数で表すこととすれば，

$$w_1 x_1 + w_2 x_2 + w_3 x_3 + \cdots \tag{3.24}$$

という入力があって，これが閾値 b より小さければ 0，b 以上であれば 1 を出力

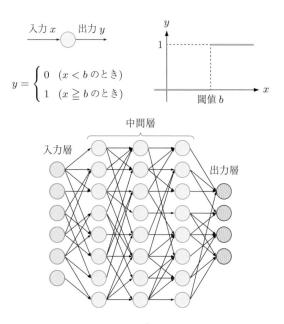

$$y = \begin{cases} 0 & (x < b \text{ のとき}) \\ 1 & (x \geqq b \text{ のとき}) \end{cases}$$

図 3.16 ニューラルネットワーク

するというモデル化ができる.

このように，一つひとつのユニットの働きは単純なものであるが，それらを多数組み合わせてネットワーク化することにより，きわめて複雑な計算も行うことができる.

3.7.2 簡単なニューラルネットワークの例

たとえば，図 3.17 のような 1 層のみの簡単なネットワークを考えてみよう．n 個のユニットがあって，すべて同じ入力 x を受け取る．1 番目のユニット

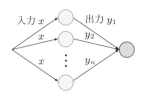

図 3.17 簡単なニューラルネットワーク

は出力 y_1, 2 番目のユニットは出力 y_2, $\cdots$, n 番目のユニットは出力 y_n を出力するが, 各ユニットの閾値が異なるから, $y_1, y_2, \ldots, y_n$ は異なるものになる. そして, これらにウェイトが掛け算されて,

$$w_1 y_1 + w_2 y_2 + \cdots + w_n y_n \tag{3.25}$$

という形になる. $y_1, y_2, \ldots, y_n$ は簡単な形をしていて,

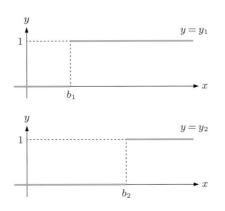

図 3.18 階段状グラフ

という階段状のグラフであるが, この 2 つから $w_1 y_1 + w_2 y_2$ という変数をつくると, そのグラフは,

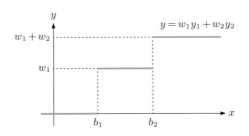

図 3.19 階段状グラフの合成

と, 2 段の階段関数ができる.

ユニットの個数をどんどん増やしていくと, 階段の数もどんどん多くなっていき, 図 3.20 のような複雑な形もできるようになる. 階段の幅や高さも自由に変えられるし, ウェイトはマイナスでもよかったから登り階段だけでなく下り

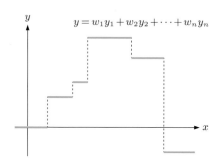

図 3.20　階段関数による近似

階段もできる．階段の幅をどんどん細かくしていくことによって，たとえば 2
次関数や 3 次関数，さらには三角関数のような複雑な形をしたものまでも近似
することが可能である．

　このようにニューラルネットワークは，任意の曲線を近似できる．これによっ
て，回帰分析と同様に，目的変数と説明変数のデータからその間の関係を見出し
予測できる．それどころか，通常の回帰分析よりもはるかに複雑な関係の予測
ができる．たとえば，回帰分析のところで取り上げたように気温と曜日からア
イスクリームの売上を予測する，ということに用いられる．回帰分析では回帰
式がどのような形をしているか (1 次式か 2 次式かなど) を自分で決める必要が
あったが，ニューラルネットワークでは階層の数を増やせばどんな複雑な関数
も近似できる上にどのような関数が当てはまりがよいかを自動的に計算してく
れる．その反面，目的変数と説明変数との間の関係式が明示的に示されるわけ
ではないので「結果はわかったがなぜそうなるのかは説明困難」というブラッ
クボックスとなる危険性もある．

　なお，ここでは，各ユニットの出力が階段関数であるものについて説明したが，
最近では別の形の関数を使うことも多い．次節で述べる機械学習では，ニュー
ラルネットワークを用いて利益を最大化するとか損失 (間違いの数や予測誤差な
ど) を最小化するといった計算を行うが，数学的には，微分を使って最大，最小
を求めることになる．実際に関数の微分を計算しなくても，たとえば最適な閾
値 b の値を求めるのに，コンピュータで，b の値を少しずつ変えながら最終的な
出力がどうなるかを見て，利益を最大にする，もしくは誤差を最小にする b の

値を求めることもある．この場合，階段関数を使っていると，階段関数は微分ができないし，コンピュータシミュレーションでも b の値を少し変えるだけで出力がいきなり不連続的にジャンプするので扱いづらい．そのため，階段関数と形が似ているが微分可能な関数として，3.2 節のロジスティック回帰分析の項目で紹介した，ロジスティック関数 (シグモイド関数)

$$y = \frac{1}{1 + \exp(-(a + bx))} \tag{3.26}$$

が使われることもある．その他，さまざまな関数が提案されており，**活性化関数**とよばれる．

3.8　機械学習と AI (人工知能)

3.8.1　機械学習と AI の進展

　最近では，**機械学習**や **AI** といった言葉が大流行で，新聞を見ると「機械学習によりスパムメールを検知」とか「AI が囲碁の世界チャンピオンに勝利」，「○○社はエアコンに AI を搭載し，最適な温度コントロールを実現」といった記事を毎日目にする．

図 3.21　ソニー　エンタテインメントロボット "aibo" (アイボ) 「ERS-1000」

　AI の分野は日々進化しておりその全貌をここで紹介することはできないが，基本的な概念について簡単に説明する．

　「機械学習」や「AI」という言葉は，いずれも，きちんとした学問的定義があるわけではなく皆が「何となくこういう意味であろう」として使っている，いわゆるバズワードであるともいえるが，

- 「機械学習」とは，人間がさまざまな現象を経験したり目にしたりして学習していたことにならって，機械 (コンピュータ) でも同様に，多数のデータを与えることによって，そこから一定の法則などを見出すようにすること
- 「AI」とは，機械学習を使って，機械 (コンピュータ) に，人間の知能と

同様の働きをさせるようにしたもの

ということができるだろう. ここでいう「法則」とは, 別に教科書に載るような「○○の法則」である必要はない. これまでに紹介したような「気温が1℃上がるとアイスクリームの売上が100個増える」とか,「タイタニック号での生死を分けた要因は性別だった」などでもよい. さらに, そのような単純なルールではなく,「将棋で次の一手で何を指すと, 最終的に勝つ確率が上がるか」,「イヌとネコを見分けるポイント」のような複雑なものもある. つまり, 昔であればそのような法則を人間がコンピュータにプログラムとして与えなければならなかったものが, 機械学習では機械がそれを見つけ出すということである.

3.8.2 ニューラルネットワークにおける学習

ニューラルネットワーク, あるいはそれを複雑化した深層学習も, 基本的な仕組みは前節で紹介した単純なものである. ただし, そこでも紹介したように, ユニットの数をどんどん増やしていけば複雑な関数も表現できる. 1層のみからなるニューラルネットワークではユニットが多数必要になるが, 多くの中間層を含んだ深層学習にすると, 全体のユニット数が少なくても複雑な計算ができることが知られている. この場合の「学習」とは, データから, 最適なパラメーター b や w を求める作業であるということができる.

ただ実際には, ニューラルネットワークにおける学習というのはなかなか厄介である. すでに紹介したように, ニューラルネットワークでは, 2次関数や3次関数, さらに三角関数といったような複雑な関数を再現できる. これが逆に厄介なのである.「バタフライ効果」という言葉があるが, これは「非線形」な世界, つまり1次式では表されないような世界では, 初期値やパラメーターをほんの少し変えるだけで結果が大きく変わる (ニューヨークでの蝶の羽ばたきが東京で台風を巻き起こす) 現象のことをいう. ニューラルネットワークの学習では, 最適なパラメーターの値を決めるために, パラメーターの値を少しずつ変えていって出力がどうなるかを見るのだが, 非線形であるために, パラメーターの値をほんの少し変えただけで結果が大きく動き (場合によっては無限大に発散してしまう), 計算できないといったことが起こる. このような状況を避けてうまく答えを見

つけるような計算方法 (アルゴリズム) の研究が，今でも活発に進められている．

3.8.3 教師あり学習と教師なし学習

機械学習において，**教師あり学習**と**教師なし学習**という分類がよく使われるので，その意味を説明しておこう[4]．

「教師あり学習」というのは，もともとのデータで正解／不正解がわかっている状況の下，機械としてはできるだけ正解率を上げるように「学習」する (回帰分析のパラメーターを決めるなど) ものである．たとえば，回帰分析では，「気温が $30\,℃$ の場合にアイスクリームは 100 個売れた」といった正解 (データ) があらかじめ与えられていて，生徒たる機械は，できるだけその正解に近くなるように回帰式のパラメーターを決めるのであった．決定木も教師あり学習の 1 つである．決定木では，たとえばタイタニック号において誰が死に誰が生き残ったかといった，正解がわかっているデータに対して，どの要因が効いていたかを見つけ出す，というものであった．

一方，「教師なし学習」というのは，もともとのデータで正解／不正解がわかっていない状況で，何らかのルールを見つけ出そうというものである．「正解がないのに，どうやってルールを見つけるのか」と思うかもしれないが，3.5 節で紹介したクラスタリングは教師なし学習の代表的な例である．クラスタリングにおいては，たとえば「A さんはどのクラスターに入るのか」ということは学習前にはわかっていない．分析者がクラスタリングを実行して初めて，たとえば「A さんは『スィーツ好き女子』というクラスターに属する」ということがわかるのである．

3.8.4 過学習

機械学習や人工知能の発展に伴って，**過学習**という問題も起こるようになってきた．文字どおりに読むと「機械の勉強し過ぎ」ということなのだが，データが多ければ多いほどよいというわけではない，ということである．

---

[4] 機械学習の第三の区分として，**強化学習**がある．強化学習では，環境の中で行動するエージェント (ロボットのようなもの) を考える．行動の結果に何らかの「よさ」の尺度が与えられているとき，エージェントが試行錯誤で「よい」結果を得られる行動を探すのが強化学習である．

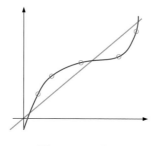

図 3.22　過学習

　我々が入手できるデータには，通常，さまざまな誤差が含まれている．たとえ
ば，図 3.22 では，本来は $y = x$ という単純な直線関係の法則がある現象の観測
データであっても，誤差のために観測されるデータは直線から少しずれたところ
に位置している．これを単純な直線で回帰すれば問題は起こらないのだが，下
手に深層学習を使ったりすると，そのような誤差をすべて拾ってきてしまって，
図 3.22 のような複雑な曲線を描いてしまう．これはこれで，与えられたデータ
にはうまくフィットしているのだが，これを使って将来予測をすればずいぶん
外れた答えになり，深層学習を使うより単純な直線回帰のほうがよかった，と
いうことにもなりかねない．このような現象を「過学習」という．

　過学習を避けるには，たとえば回帰分析であればやたらに変数を増やさない，
深層学習であればやたらにユニットの数や中間層の数を増やさない，といった
ことが必要になる．

3.8.5　AI (人工知能) の隆盛

　今や，我々の周りは AI (人工知能) であふれている．たとえば，日常何気な
く使っているスマートフォンでは，文字入力のときに途中まで入力すると自動
的に入力候補を提示してくれるし，写真を撮るときに人間の顔を検出してピン
トを合わせてくれるのは AI による画像認識技術である．電話に向かって音声で
質問をすると答えを返してくれる機能は AI による音声認識技術に支えられて
いる．社会に目を転ずると，AI が囲碁で世界チャンピオンに勝った，AI が難
病の診断をして人命を助けた，AI を会社の人事評価や採用に活用した，AI に
よって顧客の好みを分析し新商品を開発した，などの新聞記事が毎日のように

掲載される.

　報道されている AI は,「ドラえもん」のような単一の機械であらゆる作業を人間と同等あるいはそれ以上に処理できる AI (**汎用型 AI**) ではないことに注意する必要がある. 現在実現されている AI は特定の作業を処理するために設計された AI (**特化型 AI**) である. 実用的な汎用型 AI はまだ登場していない. しかし, 特化型 AI ではあっても, 複数の AI を組み合わせれば全く新しい機能を実現でき, これまで AI は爆発的に進歩してきたことを考えれば, 発展の余地は大きいであろう.

　イギリスの『エコノミスト』誌は 2017 年に「データは 21 世紀の石油である」との記事を掲載した. 今やデータがないと自動車は走れないし機械も動かない. まさに「データなくしては何もできない」といった産業構造の変化が起こりつつある. 一方, 石油に精製が必要なようにデータもそのままでは使えない. データを整理し, 適切なアルゴリズムを用いて分析し, そこから価値を引き出すデータサイエンティストが必要となってくる.

　「現在は人が行っている仕事の多くが AI にとって代わられるのではないか」ということもいわれている. 確かに, 単純作業に関してはその多くが AI で代替されてしまうであろう. しかし一方で, その AI を使いこなすデータサイエンティストの仕事は今後飛躍的に増加するであろうし, また, AI が行っているのは基本的に過去のデータからパターンを見出すことなので, そのパターンに基づいて判断を下す, あるいは過去のパターンでは予測できないことに対処するのは人間の役割である. 読者にはぜひ, AI と無駄な力比べをするのではなく, AI を使いこなせる人材になってもらいたい.

課題学習

3-1　ある電気メーカーは, ある製品 X の製造を A 社, B 社, C 社の 3 つの会社に委託している. A, B, C 各社が製造する X の個数の比率は 5:3:2である. また, 電気メーカーで検品するとき, A 社で製造した X が不良品である確率は 0.005, B 社で製造した X が不良品である確率は 0.005, C 社で製造した X が不良品である確率は 0.01 であることがわかっている.

(1) 無作為に選んだ製品 X を 1 つ検査するとき, それが不良品である確率を求めよ.

(2) X の不良品が 1 つ見つかったとき, それが C 社で製造されたものである確率を求めよ.

3-2　表 3.3 に, 新たに受信した 2 通のメールの情報

	「無料ご招待」	「当選」	迷惑メールかどうか
11	○	○	迷惑メール
12	−	−	普通のメール

を加え, 3.3.2 項で求めた確率を同様の計算 (単純ベイズモデル) により更新せよ. また, 2 通のメールの情報を加えたことにより, 迷惑メールの検出精度はどの程度改善したか答えよ.

3-3　あるスーパーマーケットでひと月に来店したのべ 1 万人分の購買履歴を分析したところ, 米の購入率は 3 %, はちみつの購入率は 1 %, 米とはちみつの同時購入率は 0.2 % であった. 米とはちみつの購入についてリフト値, 支持度, 信頼度 (はちみつ → 米) および信頼度 (米 → はちみつ) を計算し分析せよ.

3-4　表 3.2 のクロス集計表をもとに, 商品の購入に影響を及ぼす要因を分析するための決定木 (「性別」と「クーポン配布の有無」をノードとする) を描け. その際, ノードの配置については, ジニ指標を計算し最適な決定木となるようにすること.

3-5　3.1 節〜3.6 節の各手法の分析例について, 本章で紹介したもの以外にどのような例があるか調べてまとめよ.

3-6　身の回りの製品やサービスで, 機械学習や AI (人工知能) が利用されているものにどのようなものがあるか調べよ. また, 興味・関心をもったものについて, 使われている技術や仕組みを調べよ.

第 4 章
コンピュータを用いた分析

　データサイエンスを身につけるためには，頭で考えるだけでなく，実際にデータをさわってみてグラフを描いたり回帰分析を行ったりすることが不可欠である．今や，多くのデータがオープンデータとしてインターネット経由で入手可能であり，それらを解析するソフトウェアも簡単に利用できるようになっている．

　この章では，代表的かつ容易に利用できるソフトウェアおよびプログラミング言語として，Excel，R，Python の3つを取り上げ，それらを使ったデータ分析のやり方を解説する．

　Excel は広く使われている表計算ソフトであり，データの整理や回帰分析などの簡単な統計分析もできる便利なソフトである．ただし最新の分析手法まではカバーしていない．

　R は無料でダウンロードできる統計解析用のソフトウェアであり，最新の分析手法もパッケージをダウンロードすることにより簡単に利用できる．日本語で多くの解説書が出版されているのも強みである．

　Python も無料でダウンロードできるプログラミング言語であり，書きやすく読みやすい上に機械学習関係のパッケージが充実しており，グーグルなどの IT企業でも採用されている．ある程度プログラミングに慣れる必要はあるが，その分，汎用性では R より優れているといえる．

　読者はぜひ，自らコンピュータを操作して，データ分析を実感してほしい．

4.1 Excel を用いたデータ分析

Excel は，マイクロソフト社が提供している表計算のソフトウェアであるが，データを表の形式で整理することから，表計算として利用する以外にも，データの整理などに広く使われている．

Excel は統計分析に関するさまざまな機能を有していて，グラフに関しては棒グラフ，折れ線グラフ，円グラフ，ヒストグラム (パレート図を含む)，散布図といったさまざまなグラフを描くことができる．データ分析に関しては，平均や分散，共分散，四分位点といった統計量の計算や，回帰分析，t 検定，F 検定などが組み込まれており，さらにソルバー機能を利用すればもっと複雑な分析を行うこともできる．データサイエンスで用いられる手法も，多くは Excel で実行可能である．

この節では，Excel を用いたデータ分析として，データの取得，各種の統計量の計算，ヒストグラムや箱ひげ図，散布図の作成，回帰分析を取り上げる．なお，ここでは原稿執筆時点での最新バージョンである Excel 2019 を例に記述するため，それ以前のバージョンとは関数名や機能に一部異なるところがあるので注意されたい．

4.1.1 データの取得

第1章，第2章でも紹介したように，e-Stat やその他さまざまなウェブサイトにおいてデータが公開されている．数値データは多くの場合，Excel ファイルや CSV，xml などの形式で公開されており，Excel で読み込むことができる．また，いったん Excel でデータを読み込んだ後，Excel 上でデータを整形・加工してから R や Python で利用することも多い．

第1章で紹介した政府統計のポータルサイト e-Stat にアクセスすると，図 4.1 のような画面が出てくる (2021 年 1 月時点での画面)．ここで，探している統計を分野名や組織名から検索するか，「キーワードで探す」の欄に入力することによって，求める統計にアクセスできる．

e-Stat では多くのデータが CSV 形式で提供されており，Excel でそのまま読み込むことができる．また，政府統計の統計表は分類項目がとても多いのが一

図 4.1   e-Stat のトップページ

般的だが，e-Stat の中で「DB」と書かれてあるものについては，データベースのように，多数の項目から必要なものだけに絞って表示させることができる．

4.1.2   さまざまな統計量の計算

Excel を使うと，第 2 章で紹介したさまざまな統計量 (平均値，分散，四分位点，相関係数など) を計算できる．ここでは，第 2 章でも使った彦根市の 1988 年から 2017 年の 10 月 1 日の最低気温 (℃) (表 2.1) を使って計算してみよう．

図 4.2 のように，Excel の B3～B32 のセルにデータを入力し，このデータの範囲の平均値，最大値，最小値，四分位点，分散，不偏分散，標準偏差を計算した．

- 平均値は AVERAGE(データの範囲)
- 最大値，最小値は MAX(データの範囲)，MIN(データの範囲)
- 第 1 四分位点は QUARTILE(データの範囲，1)，
  第 2 四分位点 (中央値) は 1 のところを 2 に，第 3 四分位点は 3 に変える．
- 分散は VAR.P(データの範囲) (n で割るもの．データが母集団 (population) と考えて計算した分散なので，P がついている)
- 不偏分散は VAR.S(データの範囲) ($n-1$ で割るもの．データが母集団から抽出した標本 (sample) と考えて計算した分散なので，S がついている)
- 標準偏差は STDEV.P(データの範囲)

	A	B	C	D	E	F	G
1	彦根の最低気温						
2		10月1日	11月1日		平均	=AVERAGE(B3:B32)	16.98
3	1988	15.2	4.9		最大	=MAX(B3:B32)	22.6
4	1989	12.0	13.2		最小	=MIN(B3:B32)	11.3
5	1990	19.8	9.5		第1四分位点	=QUARTILE(B3:B32,1)	14.975
6	1991	17.5	10.7		第2四分位点	=QUARTILE(B3:B32,2)	17.65
7	1992	15.8	8.4		第3四分位点	=QUARTILE(B3:B32,3)	19.7
8	1993	14.4	8.9		分散	=VAR.P(B3:B32)	8.30693
9	1994	20.3	9.6		不偏分散	=VAR.S(B3:B32)	8.59338
10	1995	18.2	7.0		標準偏差	=STDEV.P(B3:B32)	2.88218
11	1996	15.4	14.5		共分散	=COVAR(B3:B32,C3:C32)	0.93587
12	1997	11.9	5.1		相関係数	=CORREL(B3:B32,C3:C32)	0.10204

図 4.2　さまざまな統計量の計算

として計算できる (Excel で関数を使うときは，最初に「＝」をつける)．

　なお，上記の数値例に対して 2.1.2 項で説明した「ヒンジ法」とよばれる四分位点の計算方法を用いると，中央値は 17.65，第 1 四分位点は 14.8 となるが，Excel で計算される四分位点はこれとは異なることに注意しておこう．

　Excel で計算しているのは，「内分点法」ともよばれる方法で，一番小さい値のデータがモノサシの 0，2 番目に小さい値がモノサシの 1，$\cdots$ にあたると考え，四分位点を求める．具体的には，

1. データの個数を n とするとき，その間隔は $(n-1)$ 個あるから，それを 4 等分して 1 間隔を $(n-1)/4$ と計算する．

2. データを小さい方から順番に 0 番，1 番，$\cdots$ と数えていき，$(n-1)/4$ 番目のデータの値を第 1 四分位点とする．$(n-1)/4$ が割り切れない場合は，その上下のデータを案分して求める．

というものである．上記の例だと，データは 1988 年から 2017 年の 30 個なので，第 1 四分位点は下から数えて $(30-1)/4 = 7.25$ 番目のデータの値になる．下から 0 番，1 番，$\cdots$ と数えていくと 7 番目は 14.9，8 番目は 15.2 となるので，7.25 番目は $14.9 + (15.2 - 14.9) \times 0.25 = 14.975$ となる．なお，中央値に

ついてはヒンジ法と同じである.

　さらに, Excel では, QUARTILE.EXC という, 「外分点法」ともよばれる四分位点の計算を行う関数も実装されている. これは, 一番小さい値のデータがモノサシの1に, 2番目に小さい値のデータがモノサシの2に, ··· に該当すると考え, 四分位点を求める方法である. 具体的には,

1. データの個数を n とするとき, 両側に0番目と $(n+1)$ 番目を補って考えるとその間隔は $(n+1)$ 個あるから, 4等分して1間隔を $(n+1)/4$ と計算する.

2. データを小さい方から順番に1番, 2番, ··· と数えていき, $(n+1)/4$ 番目のデータの値を第1四分位点とする. $(n+1)/4$ が割り切れない場合は, その上下のデータを案分して求める.

というものである. 上記の例だと, 第1四分位点は下から1番, 2番, ··· と数えて $(30+1)/4 = 7.75$ 番目のデータの値であり, 7番目は14.7, 8番目は14.9なので7.75番目は $14.7 + (14.9 - 14.7) \times 0.75 = 14.85$ となる. また, 中央値についてはヒンジ法や上記の内分点法と同じである. データの個数 n を4で割ったときの余りが1か3の場合は, 外分点法による四分位点はヒンジ法の結果と一致する.

　データ系列が X と Y の2つあるような場合は, 共分散や相関係数が計算できる. 図4.2のようにセル C3〜C32 に11月1日のデータが入っていると, 「10月1日の最低気温」と「11月1日の最低気温」との

　共分散は COVARIANCE.P(B3:B32,C3:C32)

　相関係数は CORREL(B3:B32,C3:C32)

として計算できる.

4.1.3　グラフの描画 (ヒストグラム, 箱ひげ図)

　Excel にはさまざまなグラフを描く機能があり, 棒グラフや折れ線グラフ, 円グラフにとどまらず, ヒストグラムや箱ひげ図, 散布図などのグラフ, さらにはこれらを組み合わせたグラフも描くことができる.

　ここでは, 第2章でも紹介した, ヒストグラムと箱ひげ図を描いてみよう. ヒ

ストグラムを描くには，まず，データの範囲を指定して (図 4.3 の例だと，セル B3〜B32 に毎年 10 月 1 日の彦根市の最低気温のデータが入っているので，そこを指定する)，Excel の画面上部の「挿入」メニューから「グラフ」＞「すべてのグラフ」＞「ヒストグラム」と進んでいけば，図 4.3 のようにヒストグラムを描くことができる．

　なお，これだと，データの範囲が [11.3, 14.6]，[14.6, 17.9]，··· のように中途半端であり，区間の数も自分で変更したくなるであろう．なお，第 2 章では「区間の数は標本の大きさ (サンプルサイズ) の平方根程度」という目安を紹介したが，それ以外にも，**スタージェスの公式**とよばれる「$1 + \log_2 N$」を用いることもある[1]．

　図 4.3 のヒストグラムでも区間の幅や区間の個数を変更することはできるが，あまり自由度がないので，ここでは別の方法として，Excel の「データ分析」ツールを使ってヒストグラムを描く方法を紹介しよう．

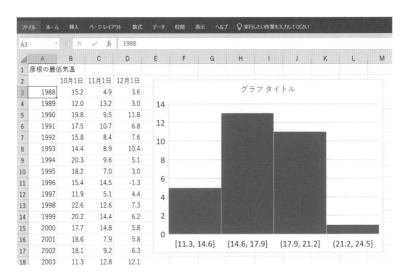

図 4.3　ヒストグラムの描画 (1)

---

[1] スタージェスの公式は，2 項分布 (コインを k 回投げたとき，コインの表裏の出るパターンは $N = 2^k$ 通りあり，コインの表が出る回数は 0〜k 回の $(k+1)$ 通りある) をうまくヒストグラムに描くことに対応しており，この場合 $k = \log_2 N$ と表されるからヒストグラムの区間の数 $(k+1) = 1 + \log_2 N$ と表される．ここで，$\log_2$ は 2 を底とする対数を表す．

Excel の「データ分析」ツールは最初は組み込まれていないことが多いから，まずは画面上部の「データ」メニューを開いて，「データ分析」というツールがでてくるかを確認する．出てこなければ，「ファイル」＞「オプション」＞「アドイン」と進んで，「分析ツール」を組み込めば利用できるようになる．

まず，先ほどと同様に，ヒストグラムを描く対象となるデータを準備し，今度はそれに追加して，ヒストグラムの区間を自分で入力する．図 4.4 の例では，「10〜15 度」，「15 度〜20 度」，「20 度〜25 度」，「25 度〜」という区間を設定することとし，セル E3〜E6 にはその区切りとなる 10，15，20，25 を入力する．

次に，画面上の「データ」から「データ分析」＞「ヒストグラム」と進んでいけば，図 4.4 のようなボックスが表示される．ここで「入力範囲」に気温のデータ (B3〜B32)，「データ区間」に先ほど入力した区間の区切り (E3〜E6) を指定し，「グラフ作成」に☑を入れて OK を押すと，図 4.5 のように度数分布表とグラフが表示される．

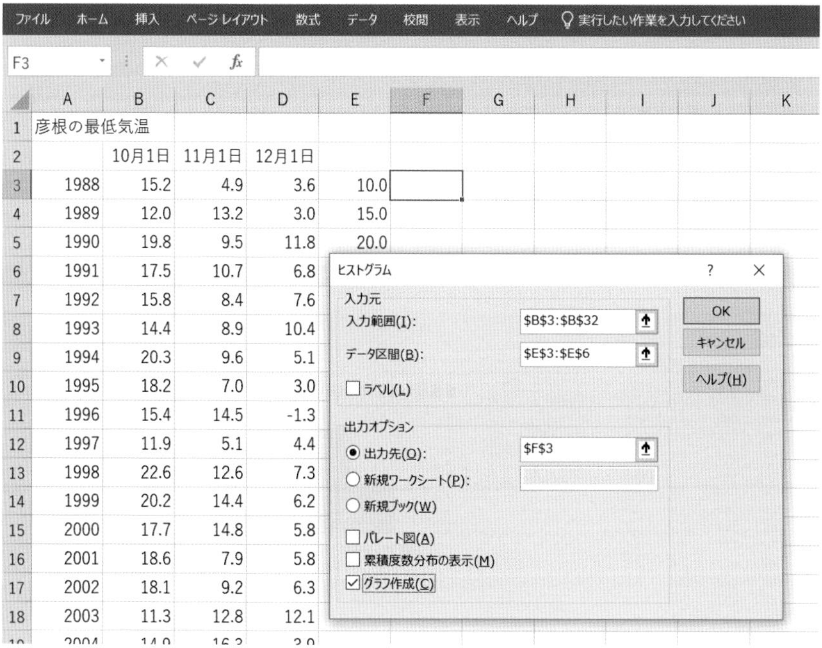

図 4.4 ヒストグラムの描画 (2)

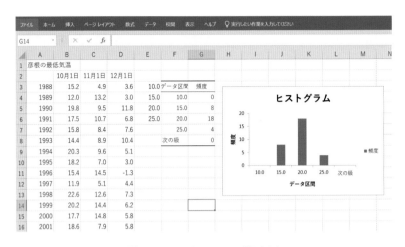

図 4.5　ヒストグラムの描画 (3)

この場合，境界値は下のほうの区分に含まれる，すなわち「15.0」と記入してあるセルの右側には「$10.0 < x \leqq 15.0$ を満たすような x の個数」が表示される．

なお，この例の場合，最低気温のデータは連続的な量なので，ヒストグラムの棒が離れているのは正しくない．それを直すためには，グラフの棒を指定して右クリックすると「データ系列の書式設定」というボックスが現れるから，そこで「要素の間隔」を「0％」にすればよい．その他，横軸のラベルの修正やグラフタイトルの修正などを行って，グラフが完成する (図4.6)．

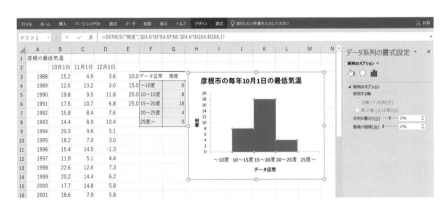

図 4.6　ヒストグラムの描画 (4)

　次に，箱ひげ図を描いてみよう．これも Excel に組み込まれているので簡単に描くことができる．図 4.7 の Excel のシートには，10 月 1 日，11 月 1 日，12 月 1 日の 3 つの系列のデータが 3 列に分かれて入力されているので，3 つまとめて箱ひげ図を描いてみる．

　まずデータが入力されている範囲 (この例では B3〜D32) を指定して，「挿入」＞「グラフ」＞「すべてのグラフ」＞「箱ひげ図」と進めば，図 4.7 のような箱ひげ図を描くことができる．なお，Excel の四分位点の計算方法には，4.1.2 項で紹介した 2 通りの方法 (内分点法，外分点法) が準備されており，オプションでそれのどちらを使うかを選ぶことができる．その他，グラフのタイトルや軸のラベルなどを書き込んで，グラフを完成させる．なお，ひげの描き方は，2.1 節で紹介したテューキーの方式 (箱から箱の長さの 1.5 倍を超えて離れた点 (外れ値) を白丸の点で描き，外れ値でないものの最大値と最小値までひげを描く) である．

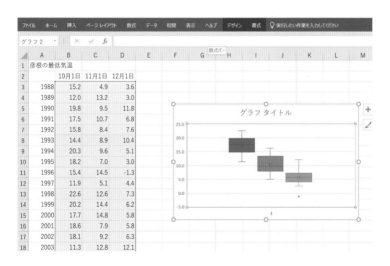

図 4.7　箱ひげ図の描画

4.1.4　散布図と回帰直線

　次に，Excel を使って，2 変量の間の関係を調べるための散布図の描画と回帰分析を行ってみよう．利用するデータは，2.2 節で用いた，2016 年の滋賀県大

津市における月ごとの日最高気温の平均値 (℃) と二人以上世帯あたりの飲料支出金額 (円) である (以下，それぞれ気温，飲料支出という).

図 4.8 のように，Excel の A 列に月，B 列に気温，C 列に飲料支出を入力する．気温と飲料支出との関係を調べたいので，それにあたるデータの範囲 B2～C13 を指定して，画面上部のメニューバーから「挿入」＞「グラフ」＞「グラフの挿入」＞「すべてのグラフ」＞「散布図」と進めば，図 4.8 のようなボックスが現れる．ここで OK をクリックすると，図 4.9 のような散布図が描かれる.

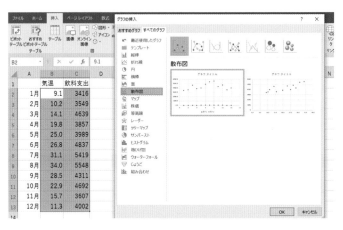

図 4.8　散布図の描画 (1)

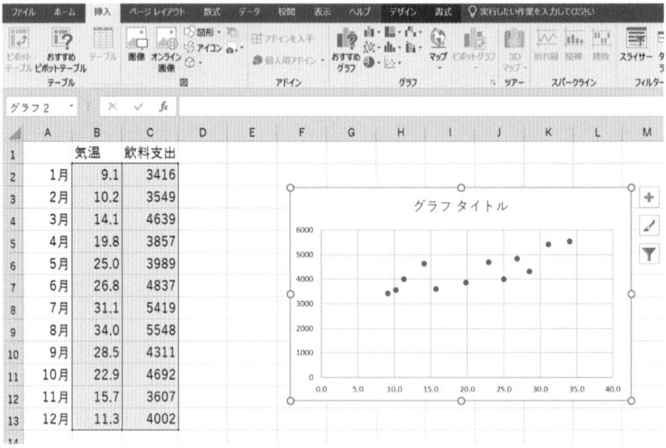

図 4.9　散布図の描画 (2)

この散布図にいくつか修正を加えよう.

1. まず, これではどの点が何月を表しているのかがわからないから, デー
タに「ラベル」をつける. そのためには, 散布図のどれか 1 つの点を選ん
で右クリックするといくつか表示が現れる. その中から「データラベル
の追加」を選んで左クリックすると各点に縦軸の値 (3416 など) がラベル
付けされる. 次にこれを月の名前に変更するため, このラベル (3416 の
ような数値) の 1 つを選んでまた右クリックすると「データラベルの書式
設定」というものが現れる. そこで「ラベルの内容」として「セルの値」
に ☑ を入れると, 図 4.10 のような「データラベル範囲の選択」というボッ
クスが現れるから, そこに月の名前が入っている A2〜A13 を指定する.

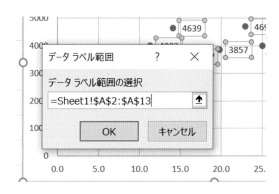

図 4.10 散布図の描画 (3) (ラベルの追加)

2. 次に, 近似直線 (回帰直線) と回帰式, 決定係数を追加する. これも, 散布図
のどれか 1 つの点を選んで右クリックするといくつか表示が出るから,「近
似直線の追加」を選んで左クリックすると, 図 4.11 のように回帰直線が描
かれて, 画面右側に「近似直線の書式設定」という欄が現れる. そこで,「グ
ラフに数式を表示する」と「グラフに R-2 乗値を表示する」に ☑ を入れる
と, 回帰式と決定係数 R^2 が表示される. あとは, グラフのタイトルや軸の
説明を加え, 文字を大きくし, といった調整をして, 完成である (図 4.12).

このように Excel では散布図を描くのと同時に回帰分析を行うことができる
が, 回帰係数に関する統計的な検定といった高度な分析を行うには, 先ほども

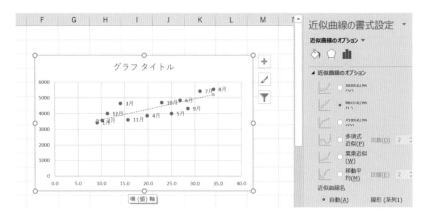

図 4.11　散布図の描画 (4) (回帰直線の追加)

図 4.12　散布図の完成

紹介した「データ分析」のツールを使って分析する必要がある.

　このためには，画面上部のメニューバーから「データ」＞「データ分析」＞「回帰分析」と選んでいくと図 4.13 のようなボックスが現れるから，ここで該当するデータの範囲を指定する．この例では，回帰式の左辺 (目的変数) y は飲料支出でありセル C2〜C13 に入っており，回帰式の右辺 (説明変数) x は気温でセル B2〜B13 に入っている．これで OK をクリックすると，回帰分析の結果が図 4.14 のように表示される．

図 4.13 回帰分析

概要						
回帰統計						
重相関 R	0.79992					
重決定 R2	0.63987					
補正 R2	0.60386					
標準誤差	447.806					
観測数	12					

分散分析表						
	自由度	変動	分散	観測された分散比	有意 F	
回帰	1	3563026	3563026	17.76806373	0.00179	
残差	10	2005298	200530			
合計	11	5568324				

	係数	標準誤差	t	P-値	下限 95%	上限 95%	下限 95.0%	上限 95.0%
切片	2947.84	350.73	8.40487	7.62155E-06	2166.37	3729.32	2166.37	3729.32
X 値 1	66.3657	15.7443	4.21522	0.001785096	31.2852	101.446	31.2852	101.446

図 4.14 Excel による回帰分析の結果

先ほどの計算結果と比べると，数値の桁処理 (四捨五入) の関係があって見た目は少し異なるものの同じ回帰式が得られている．しかも，こちらの分析では，x の係数の t-値が 4.21，P-値が 0.0017 となることもわかる (t-値，P-値については 3.2 節参照).

なお，ここであげた例では，回帰式の説明変数が 1 つであったが，休日日数とイベント開催 (ダミー変数) といった 2 つの変数を加えて回帰分析を行うこともできる．その場合は，Excel で気温の横の行にそれらの変数を入力しておいて，図 4.13 の回帰分析のボックスの「入力 x 範囲」というところでそれらの変数も含めて指定すればよい．

最初にも述べたように，Excel を使いこなせば，データサイエンスで必要とされる手法の多くは計算可能である．読者はぜひ Excel を使いこなしてさまざまな分析をやってみてほしい．

課題学習

4.1 「都道府県・市区町村のすがた (社会・人口統計体系)」(総務省) では，地域別のさまざまなデータを Excel 方式でダウンロードできる．

> https://www.e-stat.go.jp/regional-statistics/ssdsview

これを使って

- 各都道府県の人口の増減
- 平均寿命が長い県にはどのような特徴があるか

を分析せよ．

4.2 統計解析ソフト R を使ったデータ分析

本節では，データを分析するために広く用いられているソフトウェア「R」の使い方について紹介する．

R は，データを統計的に分析したり可視化したりすることに特化したソフトウェアである．他の多くのプログラミング言語に比べて，ベクトルや行列の演算が簡単に行えることが大きな特徴の 1 つである．また，主に研究者が開発した，**パッケージ**とよばれる機能の一群を読み込むことで，より豊富な機能や，最先端の統計分析手法を利用できる．R の詳しい情報については，R のウェブサイト

$$\text{https://www.r-project.org/}$$

を参照されたい．なお，R は Linux，Mac，Windows の 3 種類の OS で扱うことができるが，本書では Windows 上での操作を想定している (2021 年 1 月時点)．

4.2.1 R のインストール

R は，R のウェブサイトから無償でインストールすることができる．まず，R のウェブサイト (図 4.15) から，左にある「CRAN」を選択してクリックする．すると，インストーラをダウンロードするためのミラーサイト一覧が表示される．ミラーサイトとは，アクセスの集中などによるサーバ側の負荷の軽減を目的に作られたウェブサイトである．複数のミラーサイトを作ることで，中身は同じだが，ダウンロードによるサーバの負荷を分散させることができる．ここでは日本のミラーサイトを選択する．

The R Project for Statistical Computing

Getting Started

R is a free software environment for statistical computing and graphics. It compiles and runs on a wide variety of UNIX platforms, Windows and MacOS. To download R, please choose your preferred CRAN mirror.

If you have questions about R like how to download and install the software, or what the license terms are, please read our answers to frequently asked questions before you send an email.

[Home]

Download

CRAN

R Project

About R
Logo
Contributors
What's New?
Reporting Bugs
Conferences
Search
Get Involved: Mailing Lists

News

- R version 4.0.4 (Lost Library Book) prerelease versions will appear starting Friday 2021-02-05. Final release is scheduled for Monday 2021-02-15.
- R version 4.0.3 (Bunny-Wunnies Freak Out) has been released on 2020-10-10.
- Thanks to the organisers of useR! 2020 for a successful online conference. Recorded tutorials and talks from the conference are available on the R Consortium YouTube channel.

図 4.15 R のウェブサイト

図 4.16 の画面が表示されたら，パソコンのオペレーティングシステムに合わせて「Download for ...」のリンクを選択しクリックする．オペレーティングシステムとしては，Linux，Mac，Windows から選択できる．Windows を選択した場合は，続けて「base」，「Download R *.*.* for Windows」(*.*.* はバージョン番号を表す) の順にリンクをクリックすることで，インストーラをダウンロードできる．ダウンロードされたインストーラを実行し，指示に従って手続きを進めることで，インストールが完了する．

The Comprehensive R Archive Network

CRAN
Mirrors
What's new?
Task Views
Search

About R
R Homepage
The R Journal

Download and Install R

Precompiled binary distributions of the base system and contributed packages, **Windows and Mac** users most likely want one of these versions of R:

- Download R for Linux
- Download R for (Mac) OS X
- Download R for Windows

R is part of many Linux distributions, you should check with your Linux package management system in addition to the link above.

Source Code for all Platforms

Windows and Mac users most likely want to download the precompiled binaries

図 4.16 インストーラのダウンロードページ

4.2.2 R の起動と操作

R を起動すると，図 4.17 の画面が表示される．この画面上の**コンソールウィンドウ**上でプログラムを書いたり，ソースコードが書かれたファイルを読み込むことで処理を実行できる．また，画面上部にあるメニューから，画面の設定をしたり，ソースコードが書かれたファイルを開いたりできる．

メニュー

コンソール
ウィンドウ

図 4.17 R の起動画面

演算

コンソールウィンドウ上で，実際にプログラムを入力して実行してみよう．R は**インタプリタ型**のプログラムで，プログラムを入力した後に Enter キーを押すことで，処理が 1 行ずつ実行される．たとえば，1 + 3 と入力し Enter キーを押すことで，その計算結果が次のように出力される．なお，一番左の「>」は最

初から表示されているもので，入力の必要はない．

```
> 1+3
[1] 4
```

また，平方根や対数など，さまざまな計算を行うための関数が用意されている．

```
> sqrt(2)   # 平方根
[1] 1.414214
> log10(2)   # 常用対数
[1] 0.30103
> log(2)   # 自然対数
[1] 0.6931472
```

なお，コンソール上で「#」と入力すると，それより右側は処理の対象に入らない．そのため # 以降に入力した内容はコメントとして利用できる．

数値や計算結果などを変数に代入することもできる．たとえば，変数 x と y にそれぞれ 1 と 3 を代入し，$x + y$ と入力することで代入された値の和を出力できる．その値をまた別の変数に代入することもできる．

```
> x <- 1   # x に 1 を代入
> y <- 3   # y に 3 を代入
> x + y
[1] 4
> z <- x + y   # z に x+y の計算結果を代入
> z
[1] 4
```

ベクトルと行列の演算

R では，1 つの値 (スカラー) だけではなく，ベクトルや行列を扱うこともできる．まず，c() を使用することで，任意の長さのベクトルを構築できる．たとえば，次の処理は，変数 x にベクトル $(1, 2, 3)$ を代入している．

```
> x <- c(1,2,3)   # 1,2,3 の 3 次元ベクトル
> x
[1] 1 2 3
```

要素が 1 ずつ増加または減少するような，等間隔な値からなるベクトルを作成したい場合は，":" 記号を使うこともできる．

```
> x <- 1:3   # 1,2,3の3次元ベクトル
> x
[1] 1 2 3
```

ベクトルに対しては，要素の総和や平均値などを計算する関数が用意されている．

```
> sum(x)   # ベクトルの要素の総和        .
[1] 6
> mean(x)   # ベクトルの要素の平均値
[1] 2
```

R では，行列の演算を簡単に行うことができる．行列を作成する方法の 1 つとして，matrix 関数を使い行列の要素とサイズを指定することで，任意の要素の行列を構成できる．行と列のサイズはそれぞれ nrow, ncol で指定できる．ここでは例として，次の 2 つの行列 X, Y を作成してみよう．

$$X = \begin{bmatrix} 1 & 3 & 5 \\ 2 & 4 & 6 \end{bmatrix}, \quad Y = \begin{bmatrix} 3 & 5 & 7 \\ 4 & 6 & 8 \end{bmatrix}$$

```
> X <- matrix(1:6, nrow=2, ncol=3)   # 2×3行列を変数Xに代入
> Y <- matrix(3:8, nrow=2)   # 指定した要素の数から,列の数が自動
    的に計算される
> X
     [,1] [,2] [,3]
[1,]  1    3    5
[2,]  2    4    6
> Y
     [,1] [,2] [,3]
[1,]  3    5    7
[2,]  4    6    8
```

行列の任意の要素を取り出すこともできる．たとえば，行列が代入された変数 X の $(1, 2)$ 要素を取り出すには「X[1,2]」のように入力すればよい．また，1 行目全体を取り出すには「X[1,]」，1 列目全体を取り出すには「X[,1]」とする．

```
> X[1,2]   # 行列X の(1,2)要素
[1] 3
> X[1, ]   # 行列X の1行目
[1] 1 3 5
> X[ ,1]   # 行列X の1列目
[1] 1 2
```

関数 t によって，行列の転置を出力できる．

```
> t(X)
     [,1] [,2]
[1,]  1    2
[2,]  3    4
[3,]  5    6
```

行列の和については，スカラーと同様 + 記号を使えばよい．サイズの異なる行列同士の和を計算しようとすると，エラーメッセージが出力される．

```
> X+Y
     [,1] [,2] [,3]
[1,]  4    8   12
[2,]  6   10   14
> t(X)+Y
t(X)+Y でエラー:  適切な配列ではありません
```

行列の積も，%*% という演算子を用いることで簡単に計算できる．

```
> Z <- X %*% t(Y)
> Z
     [,1] [,2]
[1,] 53   62
[2,] 68   80
```

さらに，solve 関数で逆行列を計算することもできる．

```
> solve(Z)
           [,1]       [,2]
[1,]  3.333333 -2.583333
[2,] -2.833333  2.208333
```

この他にも，R には豊富な演算機能が備わっている．

R の終了

最後に R を終了したい場合は，R のウィンドウの×ボタンを押すか，コンソール上で「q()」と入力し実行する．終了するとき，「作業スペースを保存しますか？」というダイアログが出てくる．「はい」を選んだ場合，今回の作業によって値が代入された変数が，次回起動時も利用できる．

4.2.3　R によるデータ分析

R には，インストールされた時点でさまざまなデータが格納されており，簡単に呼び出して分析に用いることができる (表 4.1)．ここでは，これらのデータを分析する方法について説明する．

R から呼び出すことができるデータの 1 つである **iris** データは，アヤメの花150 個体それぞれに対して，がく片の長さ (Sepal.Length)，幅 (Sepal.Width)，花びらの長さ (Petal.Length)，幅 (Petal.Width)，そして品種 (Species) について調査したものである．アヤメの品種は，setosa, versicolor, virginica の 3 種からなる．がく片や花びらの大きさとこれら 3 品種の間には関係性があることが知られており，統計分析手法の 1 つである判別分析などを用いることでその関係性を明らかにできるが，ここではその詳細は避ける．まず，R のコンソー

表 4.1　R で利用できるデータセットの例

データセット名	概要
airquality	ニューヨークの大気環境測定データ
anscombe	アンスコムのデータ．平均値や分散，回帰係数などがすべて等しい 4 つのデータセットからなる
iris	アヤメの 3 品種に関するデータ
longley	アメリカ合衆国の 1947 年から 1962 年までの経済指標データ
Nile	ナイル川の 1871 年から 1970 年までの年間流量
Titanic	タイタニック号の乗客の生存者数
UScitiesD	アメリカ合衆国の 10 都市間の距離
women	アメリカ人 15 名の平均身長と体重

ル上で「iris」と入力し実行すると，iris の 150 個体分のデータがすべて表示される．この状態だと，データのヘッダ部分まで戻ってデータ項目を確認するのに手間がかかってしまう．そこで，head 関数を使うことで，データのはじめの数行のみを表示させることができる．iris はデータフレームであり，変数名なども含んでいる．

```
> head(iris)
  Sepal.Length Sepal.Width Petal.Length Petal.Width Species
1          5.1         3.5          1.4         0.2  setosa
2          4.9         3.0          1.4         0.2  setosa
3          4.7         3.2          1.3         0.2  setosa
4          4.6         3.1          1.5         0.2  setosa
5          5.0         3.6          1.4         0.2  setosa
6          5.4         3.9          1.7         0.4  setosa
```

　続いて，こちらのデータの要素にアクセスしてみよう．データが代入されたデータフレーム (ここでは iris) に対して，

```
> iris$Sepal.Length
```

のように「データフレーム名 $ 変数名」と入力するか，データを行列とみなして列番号を指定して

```
> iris[,1]
```

のように入力することで，そのデータの一部の要素を取り出すことができる．取り出した変数を改めて別の変数に代入することで，その変数の計算に用いることができる．次のプログラムは，がく片の長さのデータを変数 x に代入してその値をすべて表示させたものである．

```
> x <- iris$Sepal.Length
> x
  [1] 5.1 4.9 4.7 4.6 5.0 5.4 4.6 5.0 4.4 4.9 5.4 4.8 4.8
      4.3 5.8
 [16] 5.7 5.4 5.1 5.7 5.1 5.4 5.1 4.6 5.1 4.8 5.0 5.0 5.2
      5.2 4.7
 [31] 4.8 5.4 5.2 5.5 4.9 5.0 5.5 4.9 4.4 5.1 5.0 4.5 4.4
      5.0 5.1
```

```
              … (中略) …
[136] 7.7 6.3 6.4 6.0 6.9 6.7 6.9 5.8 6.8 6.7 6.7 6.3 6.5
      6.2 5.9
```

データを代入した変数に対して，代表値などのさまざまな値を計算できる．たとえば，150 個のがく片の長さのデータ x の平均値や中央値，四分位点，分散はそれぞれ次のように計算され，結果が表示される．ただし，var では標本分散ではなく不偏分散が計算されることに注意したい．

```
> mean(x)   # 平均値
[1] 5.843333
> median(x)   # 中央値
[1] 5.8
> quantile(x)   # 四分位点
  0% 25% 50% 75% 100%
 4.3 5.1 5.8 6.4 7.9
> var(x)   # 不偏分散
[1] 0.6856935
```

データを並び替える際に，よく用いられる関数について紹介する．sort 関数を用いることで，データ x を昇順に並べ替えることができる．sort 関数の引数で decreasing=TRUE と指定すれば，データを降順に並び替えることができる．さらに，rank 関数は，データ x を昇順に並べたとき，元のデータがそれぞれ何番目に位置されるか，つまり値のランキングを出力する．ただし，データに同じ数値が含まれる場合は，その番号の平均値が出力される．order 関数は，データ x を昇順に並べるとき，元のデータの何番目の数値がこの位置にくるかの番号を出力する．データを昇順に並び替える処理が必要なとき，各観測値の元の番号を保持しておきたいときに便利である．以下に，sort，rank，order の 3 種類の関数による出力結果を掲載する．ここでは結果を見やすくするために，5 個の観測値のみを用いている．出力結果から，それぞれの関数の意味を確認してほしい．

```
> x[1:5]
[1] 5.1 4.9 4.7 4.6 5.0
> sort(x[1:5]) # 昇順に並び替え
[1] 4.6 4.7 4.9 5.0 5.1
> sort(x[1:5], decreasing = TRUE) # 降順に並び替え
[1] 5.1 5.0 4.9 4.7 4.6
> rank(x[1:5]) # データのランキング
[1] 5 3 2 1 4
> order(x[1:5]) # 昇順に並び替える前の番号
[1] 4 3 2 5 1
```

R には，グラフを描画する機能もある．たとえば，がく片の長さのデータ x に対して「hist(x)」と入力することでヒストグラムが，「boxplot(x)」と入力することで箱ひげ図が描画できる．これらの関数を実行すると，それぞれ図 4.18, 4.19 のように新しいウィンドウにグラフが描画される．R では，ヒストグラムの階級の幅や数，箱ひげ図の向きなど，グラフの設定を非常に柔軟に行うことができる．たとえば，ヒストグラムの描画において，

```
> hist(x, breaks=seq(4,8,0.2))
```

と入力することで，ヒストグラムの表示区間を $[4, 8]$ に，区間の幅を 0.2 に指定できる (図 4.20).

続いて，2 変量のデータを分析する方法について説明する．

ここでは，アメリカの 1947 年から 1962 年の間の経済指標をまとめたデータである **longley** データを用いる．変数 x に GNP (国民総生産) を，もう 1 つの変数 y に雇用者数を代入する．

```
> x <- longley$GNP
> y <- longley$Employed
```

x, y の 2 変量のデータの関係性を調べる方法の 1 つとして，cor 関数で x と y の相関係数を計算する．

```
> cor(x,y)
[1] 0.9835516
```

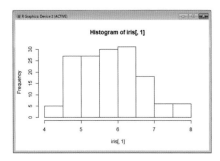 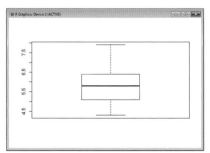

図 4.18　ヒストグラム　　　　　　　　**図 4.19**　箱ひげ図

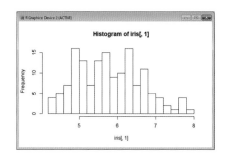

図 4.20　区間の幅を変更したヒストグラム

GNP と雇用者数との相関係数の値は約 0.98 であるため，この 2 つのデータに
はかなり強い相関があるといえる．似た動きを示す 2 つの時系列データではこ
のようなことがよく起きる．

　次に，2 つの変数 x と y の散布図を描画することで，これらの関係性を視覚
的に確認してみよう．散布図は plot 関数を使うことで作成でき，図 4.21 左のよ
うに表示される．

```
> plot(x,y)
```

　なお，散布図などのグラフでは，目盛りの範囲やラベル，その文字サイズな
ども自由に設定できる．たとえば，

```
plot(x, y, xlab="GNP", ylab="Employed", xlim=c(200, 600),
     ylim=c(58, 72), cex.lab=1.5, cex.axis=1.5)
```

とすることで，x 軸のラベル (xlab) が "GNP"，y 軸のラベル (ylab) が "Employed" と表示され，x 座標の範囲が $200 \sim 600$，y 座標の範囲が $58 \sim 72$ になる．さらに，cex.lab, cex.axis の値を設定することで，軸の目盛りやラベルの大きさを変更できる (図 4.21 右).

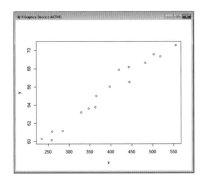 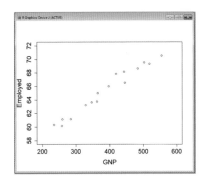

図 4.21　経済データに対する散布図．表示設定を全く行わなかった場合は左の図が表示され，軸のラベルなどを設定すると右の図が表示される．

続いて，この 2 変量データを使って回帰直線を求めてみよう．y を目的変数，x を説明変数として回帰分析を行うには，関数 lm を用いる．x から y を予測するための回帰直線を求めるには，

```
> lm(y~x)
```

と入力する．この処理を実行することで，次のような結果が出力される．

```
Call:
lm(formula = y~x)

Coefficients:
(Intercept)          x
  51.84359    0.03475
```

これは，回帰直線の切片が約 51.84，傾きが約 0.03 であることを意味している．また，散布図が描画された状態で

```
> abline(lm(y~x))
```

と入力することで，散布図上に回帰直線を描画できる (図 4.22).

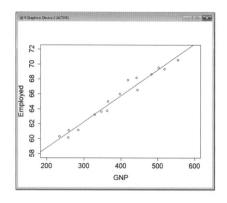

図 4.22　散布図と回帰直線

4.2.4　さまざまな機能

本項では，これまでに紹介したもの以外に，R で使うことができる機能を紹介する．

外部データの読み込み

R は，R に格納されているデータだけではなく外部のデータを読み込んで分析に用いることもできる．例として，ウェブサイトから取得されたデータファイルを読み込んでみよう．ここでは，4.1 節で扱った，彦根市の 10 月の最低気温のデータが記録された CSV 形式のファイルを使用する．ファイルの内容を図 4.23 に示す．

	A	B	C	D	E
1	彦根の最低気温				
2		10月1日			
3	1988	15.2			
4	1989	12			
5	1990	19.8			
6	1991	17.5			
7	1992	15.8			
8	1993	14.4			
9	1994	20.3			

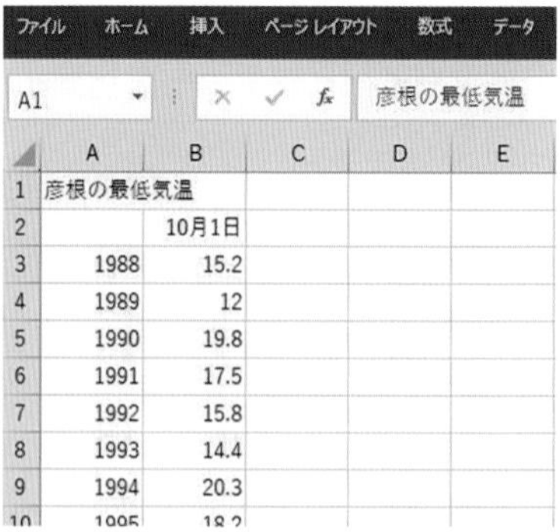

図 4.23　CSV ファイルの例

R のコンソール上で，次のように入力してみよう．

```
> dat <- read.csv(file.choose(), skip=1)
```

プログラム中の **read.csv** 関数は，指定したファイル名の CSV ファイルを読み込む関数である．また，file.choose 関数は「ファイルを開く」ダイアログボックスを表示させ，選択したファイル名を文字列として出力する．つまり，上の

処理によって、選択されたファイル名の CSV ファイルの内容が変数 dat に格納される。なお、「skip=1」という処理は、選択した CSV ファイルのはじめの 1 行を読み飛ばし、2 行目から読み込むという命令である。図 4.23 のように、今回扱う彦根市の最低気温のデータファイルは、1 行目にデータの説明が入っているため、R に読み込む場合はこれらを取り除く必要がある。また、read.csv 関数では、読み込まれたはじめの 1 行目は変数名として扱われる。データそのものを変数名としてしまわないよう注意されたい。ファイル中の 1 行目の内容からデータとして扱いたい場合は、引数に「header=FALSE」と指定すればよい。

関数のヘルプを見る

R の関数の使い方を詳しく知りたいときは、コンソール上で「?*関数名*」と入力することでその関数のヘルプを表示できる。ヘルプには、関数の呼び出し方や、引数の種類、関数を実行することで何の結果が出力されるかといった情報が詳しく書かれている。例として、ヒストグラムを描画する関数 hist のヘルプを見てみよう。コンソール上で

```
> ?hist
```

と入力し実行すると、ブラウザが起動し、hist 関数の詳細が表示される。一般的に、関数のヘルプで表示される項目は次のとおりである。

- Description：関数の概要
- Usage：関数の呼び出し方や引数の種類
- Arguments：関数の引数の説明
- Details：関数の詳細な説明
- Values：出力項目の一覧
- References：参考文献
- See Also：関連する他の関数とそのリンク
- Examples：この関数を使ったサンプルプログラム

たとえば、Examples のサンプルプログラムを見たり実際に実行したりすることで、各関数がどのように使われるのかについて、理解を深めることができるだろう。

エディタの利用

　ここまで，Rでプログラムを実行する場合は，コンソール上に直接プログラムを入力する方法で説明してきた．しかし，より複雑で長いプログラムを作成する場合は，この方法では効率が悪い．Rにはプログラムを入力するためのエディタが用意されており，コンソールに直接命令を入力するよりもエディタを利用する方が便利な場合が多い．

　Rのエディタを開くには，Rのメニューバーから「ファイル」,「新しいスクリプト」の順に選択する．これにより，図4.24のように，Rのウィンドウ内に新しいウィンドウが開く．ここに命令を記述していく．エディタでは，入力やコピー＆ペーストなどについて，他のテキストエディタと同様の操作やショートカットキーが利用できる．たとえば，実行したいプログラムを選択した状態で Ctrl キーを押しながら R キーを押すことで，選択した範囲のプログラムを直接実行できる．さらに，エディタのメニューバーから「ファイル」,「保存」の順に選択する (あるいは Ctrl キーを押しながら S キーを押す) ことで，作成したプログラムをテキスト形式で保存できる．ファイルの拡張子[2]は ".r" である．

図4.24　Rのエディタ

---

[2] ファイル名の末尾に付く文字列で，ファイルの種類を示す．

パッケージの読み込みと利用

　R では標準で利用できるデータや関数以外に，追加の機能がまとめられた**パッケージ**を読み込むことで，R の機能を強化できる．パッケージを読み込むには，library 関数で読み込みたいパッケージ名を指定する．パッケージには，はじめから読み込み可能なものと，別途インストールが必要なものがある．ここでは，インストールが必要な **ggplot2** というグラフ描画用のパッケージをインストールして，使用してみよう．

　まず，インターネットに接続された状態で，コンソール上に次のように入力する．

```
> install.packages("ggplot2")
```

あるいは，R のメニューから「パッケージ」を選択し，「パッケージのインストール」を選択してもよい．初めてパッケージをインストールする場合は，R のインストールのときと同様にミラーサイト一覧が表示されるため，適当なものを選択する．インストールを実行し，「ダウンロードされたパッケージは，以下にあります」などのメッセージが表示されれば，インストール成功である．

　続いて

```
> library(ggplot2)
```

と入力することで，ggplot2 パッケージに含まれている関数が利用可能になる．パッケージに含まれている関数を調べたい場合は

```
> help(package="ggplot2")
```

のように入力することで，パッケージのヘルプを参照できる．

　4.2.3 項で利用したアヤメのデータに対して，ggplot2 パッケージを使って次の処理を実行することで，図 4.25 のような散布図を描画できる．なお，2 行目先頭の「+」は入力が 2 行にまたがる場合に自動的に表示されるものであり，入力の必要はない．

```
> ggplot( data=iris, aes(x=Sepal.Length, y=Sepal.Width)) +
+ geom_point(aes(color=Species))
```

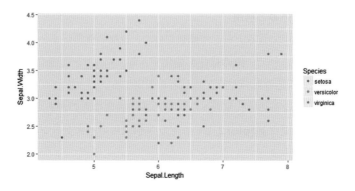

図 4.25   ggplot2 関数によるアヤメデータの描画

この命令では，横軸をがくの長さ，縦軸をがくの幅とした散布図を描画し，さらに，品種に応じて点を色分けしている．これにより，品種ごとのがくの形状の分布が一目でわかる．実際にこのプログラムを実行し，出力結果を画面で確認してほしい．

RStudio の利用

RStudio は，R とは別のソフトウェアで，R をより豊かな環境下で実行するためのものである．RStudio は次のウェブページ

https://www.rstudio.com/

から無償でインストールすることができる．R がインストールされた状態でRStudio を起動することで，RStudio の中で R が呼び出される仕組みである．

図 4.26 は，RStudio の画面である．RStudio は主に 4 つのウィンドウに分割されており，コンソール，エディタ，現在代入されている変数の一覧，グラフなどを表示するウィンドウからなり，一画面でこれらの情報を一度に見ることができる．GUI が優れているだけでなく，関数や変数の自動補完 (オートコンプリート) 機能を有している点や，作成したグラフを画像として保存する際のサイズ調整が容易である点など，R よりも便利な機能が実装されているため，是非利用してみるとよい．

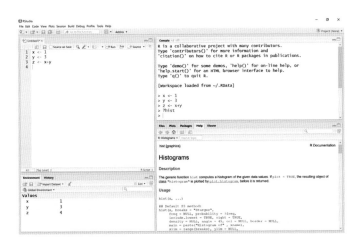

図 **4.26**　RStudio の画面

課題学習

4.2　3.2.2 項で示した都道府県別の喫煙率と平均寿命についての回帰分析を，R を用い
て追試せよ．特に，散布図と回帰直線を重ねたグラフ (図 3.2) を再現せよ．

4.3　プログラミング言語 Python を使ったデータ分析

　本節では Python 言語でプログラムを記述して行うデータ分析について紹介す
る．Python 言語は非営利団体の Python ソフトウェア財団が開発しているプロ
グラミング言語で，極力簡単にプログラミングができるように設計されている．
Python 言語で書かれたプログラムは，同財団が無償で公開している Python イ
ンタプリタというソフトウェアが読み込んで実行する．まず最初に，Python イ
ンタプリタの準備から説明する．

4.3.1　Anaconda のインストールと Jupyter Notebook の起動

　本書では Python の実行環境として，Anaconda, Inc.が公開している Anaconda
を推奨する．Anaconda は頻繁にバージョンアップが行われており，本節執筆
時点での最新バージョンは 2020 年 11 月に公開されている．以下の内容は，そ
の時点でのホームページの内容，ソフトウェアを前提に説明する．それ以外の

バージョンで本節のプログラムを試してみる場合，仕様変更などでそのままで
は動作しない可能性がある．その場合は最新情報を調べてプログラムを修正し
てほしい．

公式ホームページ

https://www.anaconda.com

の「Download」から，インストールするパソコンの OS を Windows, macOS,
Linux から選択できる．基本的には "64-Bit Graphical Installer" を選んで 64-
Bit 版をインストールすればよいが，そちらが動作しない場合，パソコンが 32
ビット版の OS で動いているなら 32-Bit 版を選ぶ．なお，Python 言語自体も
改良が続けられており，特に理由がなければその時々の最新バージョンを用い
ることが推奨される．本節執筆現在は Python 3.9 まで利用でき，Anaconda も
追って 3.9 に対応されると思われる．また，古いウェブサイトなどには，もう
使われなくなった Python 2 用に書かれたサンプルなどが掲載されていること
があるが，そういったサンプルを試す場合は，バージョン 3 用に一部を書き換
えないと動かないことがある．

　インストール時の注意点として，Anaconda はフォルダ名の一部に空白文字
を含むフォルダへのインストールが推奨されていない．Windows の場合，イ
ンストーラはパソコンのユーザ名を含むフォルダに Anaconda をインストー
ルしようとするため，ユーザ名に空白を含んでいる場合は，一部のソフトウェ
アが正常に動作しない可能性があるという警告が表示される．その場合は，
"C:¥Anaconda" など，名前に空白を含まない別のフォルダを指定してインス
トールするとよい．

　インストールが終わると，パソコンにインストールされているアプリケーショ
ン一覧に "Jupyter Notebook" が作成されている．これを起動すると，いつも
使っているブラウザが開き，Jupyter のページが表示される．ページから「New」
のボタンを探してクリックすると作成可能な対象のリストが表示されるので，そ
の中から「Python 3」を選ぶ．すると，新しい **Notebook** が作成されてブラ
ウザ内に表示され，図 4.27 のような空欄の**セル**が現れる． In [ ]:の右側の枠
内にプログラムを書いて，キーボードの Shift キーを押しながら Enter を押

```
In [ ]:
```

図 4.27 Jupyter Notebook の初期画面

すかページ内の「Run」ボタンをクリックすると，書き込んだプログラムが実行される．たとえば，図 4.28 のように $44 \times 44 + 9 \times 9$ を計算するプログラムを入力して実行すると，計算結果の 2017 が Out[1]: の右側に表示される．ここで，Python など多くのプログラミング言語では，掛け算記号 × はキーボードから直接入力できる記号に含まれていないため，「*」で代用する事になっている．In [ ]: や Out[1]: の括弧内の数字は，セルを実行した順に 1 から番号が振られる．セル内のプログラムは何度でも書き換えたり実行したりできるので，値や式を色々と変えて試してみよう．

```
In [1]: 44 * 44 + 9 * 9

Out[1]: 2017
```

図 4.28 Jupyter Notebook での簡単な数式の計算例

Notebook に書き込んだ内容などは，パソコンのハードディスクなどに自動的に保存される．新しく作られた Notebook には，既存のものと被らない番号で "Untitled<番号>" という名前が自動的に付けられる．Notebook の名前は，表示されている名前をクリックすることで自由に変更できる．保存された Notebook は，メニューの「File」>「Open...」を選んだときか，Jupyter Notebook 起動時に表示されるページに，拡張子が ".ipynb" のファイルとして列挙される．列挙されたファイル名をクリックして開けば保存された作業の続きが行える．なお，セルの左側が In [*]: という表示になったまま操作しても反応しなくなったり，Notebook のページが動かなくなったりして，プログラムの実行をまっさらな状態からやり直したい場合は，メニューの「Kernel」>「Restart」などを実行するとよい．

4.3.2　Python 言語でのプログラミングの基本

　汎用的なプログラミング言語を用いて何かの作業を行うことは，知っておく
べきルールが多いなど，最初のハードルが比較的高いが，その分，できることの
幅が大きく広がる．この項では，その取っかかりとして，あらゆるプログラムの
基本となる，変数への値の代入，条件分岐，反復処理について簡単に紹介する．

　まず，図 4.29 に簡単な Python 言語のプログラムと実行例を示す．これは，2
次方程式 $ax^2 + bx + c = 0$ の実数解を求めるプログラムである．プログラムは
コンピュータに処理させたい内容を一連の指示として記述したものであり，コ
ンピュータにインストールされたインタプリタは，与えられたプログラムを上
から順に解釈して指示どおりに処理を進めていく．

```
In [1]:   import math
          a = 1
          b = 4
          c = 2
          D = b * b - 4 * a * c
          if D >= 0:
              print('x=', (-b + math.sqrt(D)) / (2 * a),
                    ',', (-b - math.sqrt(D)) / (2 * a))
          else:
              print(' 解なし')
```

x= -0.5857864376269049 , -3.414213562373095

図 4.29　2 次方程式 $ax^2 + bx + c = 0$ の実数解を求めるプログラム

　この例では，まず，後で平方根を求めるために使う **math モジュール**を読み
込むよう 1 行目で指示している．モジュールというのは，プログラムから使え
る何らかの追加の機能をまとめたもので，このように使う前に import しておく
必要がある．2〜4 行目では，変数 a, b, c に係数の値を代入している．ここで，
「=」の記号が，数学で用いられる等号とは異なり，"右辺の式を計算して得られ
た値を左辺の変数に代入せよ"とインタプリタに対して指示をするための**代入
文**であることに注意が必要である．

　6 行目の「if」は，判別式の値で処理を変えるための条件分岐である．この

ように書くと，その直後に続くインデント (字下げ) された部分は，条件が満た
された場合にのみ実行される．ここでは，重解については考慮せず，判別式 D
の値が非負の場合に $\dfrac{-b \pm \sqrt{D}}{2a}$ の値それぞれを計算して表示している．D の平
方根は math モジュールの sqrt 関数で計算するよう指示している．また，除算
は「/」記号で書き，「( )」で囲って計算順序を指定している．これらは多くの
プログラミング言語で数式を書く方法に共通する特徴なので慣れてほしい．得
られた値は，**print 関数**で表示させている．Python 言語では，何らかの値を計
算する数学的な意味での関数でなくとも，何らかのまとまった手順に名前を付
けて実行できるようにしたものも，関数とよばれている．print は事前の準備な
しに使える**組み込み関数**の 1 つで，文章などの文字列やさまざまな値を表示す
る際に使う．9 行目の「else」以下のインデントされた部分は，直前の条件分
岐の条件が満たされなかった場合にのみ実行され，ここでは，「解なし」と表示
している．

　次に，多くのデータを扱うための**リスト**を図 4.30 のプログラムで紹介する．
1 行目で，3 つの数値を含むリストを定義して変数 values に代入している．リ
ストとは，Python で複数の値を扱う際の最も基本的なデータ構造で，このよう
に任意の個数の数値などをカンマで区切って，[ ] で囲むと作成できる．リス
トを代入した変数に対して，values[0]，values[1]，values[2] のように，整
数値を [ ] で囲んだオフセットを付与すると，リストに格納したそれぞれの値
(この場合は，50, 80, 60) を参照できる．オフセットは，数列の添え字のイメー
ジに近いが，リストの最初の値は 0 のオフセットで指すことに注意する．

```
In [1]:  values = [50, 80, 60]
         print(values[0])
         print(values[1])
         print(values[2])
```

```
50
80
60
```

図 4.30　リストの作成と値の参照

　図 4.31 に，リストに格納したデータを処理する基本的な例を紹介する．この
プログラムでは図 4.30 と同じデータを values に用意したあと，その平均値を
求めている．なお，各「#」からその行の末尾まではコメントである．コメント
は，プログラムが何をやっているのかを，後でそのプログラムを読んだり保守
したりする人が理解しやすくなるよう書き残すメモなどに使われる．インタプ
リタはコメントを読み飛ばして無視するので，ごく一部の例外を除いてコメン
トの部分に何が書かれていてもプログラムの実行には影響がない．これらのプ
ログラムをパソコンに入力して試してみる際には，「#」ではじまっている行は
入力しなくても問題ない．それ以外の行は，一字一句間違えないように入力す
る必要があるので注意しよう．

```
In [1]:    # 値のリストを用意する
           values = [50, 80, 60]

           # 合計と個数を求めるための変数を初期化
           count = 0
           total = 0

           # values に含まれる値を 1 つずつ v に代入して直後の 2 行を実行
           for v in values:
               # この部分は 3 回実行される
               # 実行するごとに total が v, count が 1 増える
               count = count + 1
               total = total + v

           # values に含まれた値の個数が 0 個なら平均値は求められない
           if count > 0:
               print(total / count)
           else:
               print(' データがありません ')
```

63.333333333333336

図 4.31　平均値を求めるプログラム

表 4.2　プログラムの実行が進むごとに変化する変数と値の対応

変数に最初に値が代入されるごとに表の列が増えていく →

どの時点か＼変数名	values	count	total	v	
プログラム実行前					プログラムの実行が進むごとに格納された値が変わっていく ↓
2 行目実行後	[50, 80, 60]				
4 行目実行後	[50, 80, 60]	0			
5 行目実行後	[50, 80, 60]	0	0		
反復処理 1 周目の開始直後	[50, 80, 60]	0	0	50	
反復処理 2 周目の開始直後	[50, 80, 60]	1	50	80	
反復処理 3 周目の開始直後	[50, 80, 60]	2	130	60	
反復処理終了後	[50, 80, 60]	3	190	60	

　表 4.2 に，このプログラムを実行した場合に，変数と値の対応付けがどのように変化していくのかのイメージを示す．インタプリタは代入文を実行するごとに，その変数に値を代入していく．まず，プログラムの実行前には何も記録されていない．1 行目を実行して values にリストが代入されたところで，values とその値が表に加えられる．4 行目と 5 行目では，さらに 2 つの変数 count と total にそれぞれ 0 を代入している．7 行目は反復処理のための for 文で，このように書くと，変数 v に values の値が順に 1 つずつ代入された状態で，続く字下げされた部分，すなわち，8 行目から 11 行目が繰り返し実行される．そして，表 4.2 のとおり，8 行目から 11 行目は，$v = 50, v = 80, v = 60$ と v の値を変えつつ 3 回実行される．10 行目と 11 行目に数学的におかしな式が書かれているが，前述したとおり，Python などのプログラミング言語では「=」は数学のイコールではなく，代入文であることに注意しよう．

　反復処理の 1 周目，10 行目が 1 回目に実行される直前には，total には 5 行目で代入された 0 が，v には values の 1 つ目の要素である 50 が代入されている．右辺の値はそれらを足して $0 + 50 = 50$ として求められるので，total には 50 が代入される．同じように反復処理の 2 周目では total の 50 と，v の 80 を足した 130 が total に代入される．3 周目まで終えると，values に含まれていたすべての値の合計が変数 total で求まる．同様に，count は反復処理の 1 回ごとに 1 ずつ増えて，values に含まれていたデータの個数を求められる．なお，こ

のような「`total = total + v`」というような値を足し込んでいく処理は頻出するため，Python では「`+=`」記号を使って「`total += v`」と省略して書くこともできるルールになっていて，こちらの書き方のほうが一般的である．

なお，Python の組み込み関数には，リストに格納されたデータの個数や合計を求める len 関数や sum 関数も用意されているため，平均値は図 4.31 のように書かなくても，図 4.32 のようにするだけでも求められる．さらに，Python には statistics という統計計算を行うためのモジュールも備わっており，math モジュールと同様にこのモジュールを import すれば，中央値や標準偏差を求める関数も利用できる．実用的には，定番の手法を用いてデータ分析を行うのであれば，そういったモジュールを用いればよい．一方で，まだ誰も試したことがないような新しいアイデアに基づく分析を行いたい場合には，ここで紹介した条件分岐や反復処理などを上手く組み合わせてアイデアどおりに計算を行うプログラムを書く必要がある．世の中で使われているあらゆるデータ分析ツールやアプリケーションは，誰かがそのようにして作ったものである．

```
In [1]:    # 値のリストを作る
           values = [50, 80, 60]

           # 平均値を計算して表示（なお, values が空の場合はエラーになる）
           print(sum(values) / len(values))

           # statistics モジュールを用いて, 中央値, 標準偏差を求める
           import statistics
           print(statistics.median(values))
           print(statistics.stdev(values))
```

```
63.333333333333336
60
15.275252316519467
```

図 4.32　組み込み関数を用いて平均値を求めるプログラム

4.3.3 より便利なモジュール，ライブラリの使用

　プログラムを作成する際に，毎回そのすべてをゼロから作り直していたのでは効率が悪いため，頻繁に用いる機能は，一度きちんと作った後，なるべく使い回した方がよい．そのような機能を再利用しやすい形で用意したものが，先ほどから紹介している**モジュール**である．ここまでに紹介した math モジュールもその一例であり，平方根の計算以外にも対数や三角関数などさまざまな計算機能を含んでいる．モジュールを集めたものを**ライブラリ**とよび，math モジュールや statistics モジュールのように一般的なものは，Python インタプリタをインストールしたときに必ず一緒にインストールされる **Python 標準ライブラリ**に含まれる．

　また，関数やモジュール，ライブラリは誰でも自由に作成したり配布したりできる．作成者だけが使う目的で組織内や個人でライブラリを整備する場合も多いが，作成した有用なライブラリを有償や無償で第三者が使えるようにする例も多々ある．Python が数多くある汎用のプログラミング言語の中でも，データ分析の分野で特によく使われている理由の1つは，さまざまな団体が作成し公開している，無償で使える豊富なライブラリ群にある．

　本節の残りでは，データ分析によく使われる表 4.3 の上から 3 つのライブラリを簡単に紹介する．いずれも無償で公開されており，入手してインストールすればそれらの機能を利用できるようになる．表の最後に載せた NumPy につ

表 **4.3**　本節で紹介するデータ分析に有用なライブラリ

ライブラリ名	説明
pandas	https://pandas.pydata.org Python でデータ解析を行うときに便利な機能がまとめられたライブラリ．
matplotlib	https://matplotlib.org Python でグラフなどを描くためのライブラリ．とても多機能．
scikit-learn	http://scikit-learn.org Python 用の機械学習ライブラリ．回帰分析やデータの分類，クラスタリングなどを行うさまざまな機能をもつ．
NumPy	http://www.numpy.org Python で行列の計算などを簡潔に記述し，高速に実行するためのライブラリ．

いては具体的な紹介はしないが，NumPy 以外の 3 つのライブラリは，すべて NumPy を利用して動作するよう実装されており，NumPy がなければ動作しない．このように，あるライブラリが別のライブラリの機能に依存して実装されている場合が多くある．そういったライブラリを使いたい場合には，依存先のライブラリも必要となり，そのライブラリも別のライブラリに依存していれば…と，芋づる式に，必要なライブラリが増えていく．そのため，ライブラリを使うことは非常に便利な反面，準備に大きな手間がかかってしまうことも多い．

　本節の最初でインストール方法を紹介した Anaconda は，そのような手間を避けるため，Python インタプリタに加えて上記の 4 つを含むさまざまなデータサイエンス向けのライブラリなどが同梱されたパッケージで，最小限の準備の手間で安心してデータ分析をはじめられる．

4.3.4　pandas を用いたデータの整理

　まず，数表などを Python で簡単に扱うためのライブラリである pandas について紹介する．pandas を用いれば，CSV ファイルを簡単に読み込むことができる．図 4.33 は，第 2 章で紹介した，気象庁のウェブサイトからダウンロードした彦根市の最低気温のデータが記録された CSV ファイルを，pandas の read_csv 関数で読み込む例である．ダウンロードした CSV ファイルは表 4.4 のように色々と付帯情報が記録されている．データを CSV 形式で書き出し，前述した Notebook の内容が記録される，拡張子が “.ipynb” のファイルと同じフォルダに置き，CSV ファイルのファイル名を指定して read_csv を実行すれば，データを読み込んだ pandas のデータフレームが作成される．データフレームは，列や行の名前の付いたデータの集まりを Python プログラムから扱うための仕組みで，見やすい表でのデータの表示や，指定した項目だけの抜き出しなどさまざまな機能が使える．

　その内，先頭を 0 行目として，0, 1, 2, 4, 5 行目は分析に必要のないデータなので，「skiprows」で読み飛ばすように指定している．読み飛ばされなかった内の最初の行 (この例では 3 行目) は，列の名前として使われそれ以降の行がデータとして読み込まれる．また，“品質情報” と “均質番号” は不要なので，「usecols」で 0 番目と 1 番目の列だけを使うように指定している．なお，この

```
In [1]:  import pandas as pd
         # pandas モジュールを pd という名前で読み込む
         # (さまざまな文献などで pd という略称が用いられているため
         # それを踏襲する)
         data = pd.read_csv('data.csv', encoding='Shift_JIS',
                        skiprows=[0,1,2,4,5], usecols=[0,1])
         data
```

Out[1]:

	年月日	最低気温 (℃)
0	1988/10/1	15.2
1	1989/10/1	12.0
2	1990/10/1	19.8

⋮

図 4.33 CSV ファイルの読み込み

表 4.4 気象庁のウェブサイトからダウンロードした CSV ファイルの内容

0 行目	ダウンロードした時刻：2018/05/25 13:10:27			
1 行目				
2 行目	,	彦根,	彦根,	彦根
3 行目	年月日,	最低気温 (℃),	最低気温 (℃),	最低気温 (℃)
4 行目	,	,	,	
5 行目	,	,	品質情報,	均質番号
6 行目	1988/10/1,	15.2,	8,	1
7 行目	1989/10/1,	12.0,	8,	1
8 行目	1990/10/1,	19.8,	8,	1
⋮		⋮		

ようにプログラム上で必要な部分だけを読み込む設定をするのが手間であれば，Excel などで CSV ファイルを読み込んで不要な部分を削除したものを読み込ませるようにしてもよい．ただし，その分析作業が一度限りではなく，定型のデータを色々とダウンロードして次々に分析するのであれば，プログラム上で処理した方がトータルの手間は省けるだろう．

特に，read_csv 関数は，パソコンにダウンロードしたファイル名の代わりに URL を指定することでウェブサイトからデータを直接読み込ませることもでき

る．これを使えば，常に情報が更新され続けているウェブサイトからデータの最新版を自動的に取り込んで分析する，というようなプログラムも簡単に作成できる．ただし，頻繁なデータのダウンロードは，ウェブサイトの利用規約で禁止されていたり，されていなくてもサーバや回線に負荷がかかってデータ提供者に迷惑をかける恐れがあるため，もし行う場合は，利用条件などをきちんと調べた上で，細心の注意を払う必要がある．

なお，CSV ファイルは一般的に，シフト JIS という**文字コード**で記録されているため，「encoding」でその旨を指定してやる必要がある．コンピュータ上では文字データは，それぞれの文字に割り当てられた文字コードとよばれる番号の羅列として扱われている．どの文字にどの番号を割り当てるかという対応付けは，さまざまな事情から複数考案された．シフト JIS はその内の1つで，少ないデータ量で効率的に文章などのデータを表現できる代わりに，おおむね英語や日本語の文章しか記録できず，それ以外の文字を使う文章データを扱えないという欠点がある．現在では，ややデータ量が多くなるが世界中のあらゆる文字を記録できるユニコードという文字コードが主流になっている．

4.3.5　matplotlib によるデータの可視化

次に，データの可視化に便利な matplotlib を紹介する．なお，本節の例の一部は，前に実行したセルで準備したデータを後のセルで利用しているため，In [ ]: に書かれた順番どおりに実行しないと動作しない．前項の In [1]: を実行した後，図 4.34 のプログラムを実行すると，彦根市の最低気温のグラフが表示される．pandas のデータフレームは，[ ] で囲んだ列の名前を指定すると，その列のデータを取り出すことができる．図 4.34 のプログラムでは，取り出したデータをそのまま matplotlib の plot 関数に渡してグラフとして描画させている．なお，"最低気温 (℃)" を指定する部分が若干くせ者で，パソコン上で "℃" と見える表記は何通りもあるが，その内，元のデータと完全に一致する表記のものにしないとこのプログラムは動かない．元のデータが表示された表から丁寧にコピー&ペーストするか，あるいは「data[' **最低気温 (℃)** ']」の代わりに「data.columns[1]」と書けば，"2つ目の列のカラム名" を確実に指定でき

In [2]:
```
# matplotlib の pyplot を plt という名前で読み込み
import matplotlib.pyplot as plt

# data の’年月日’を横軸,’最低気温（℃）’を縦軸としてプロット
# (data は前項のプログラムで CSV ファイルを読み込んだもの)
plt.plot(data['年月日'], data['最低気温（℃）'])

# そのままでは軸のラベルが重なって読めないので 90°回転させる
plt.xticks(rotation=90)

# プロットしたグラフを画面に表示する
plt.show()
```

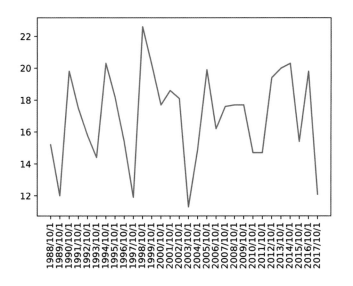

図 4.34 matplotlib でのグラフの描画

るので (他と同じく，最初のカラムのオフセットが 0 なので，2 つ目を指したい場合は 1 と指定する) このトラブルは回避できる.

Jupyter Notebook は，このように，読み込んだデータをあれこれ試行錯誤を繰り返しながらデータ分析を行うような用途に向いている.

4.3.6 scikit-learn で試すデータの分類と機械学習

本節の最後に，Python 言語と機械学習ライブラリを用いて行うデータの分類手法を 2 つ紹介する．機械学習用の機能が詰め込まれた scikit-learn には，手法などの練習や，プログラムの動作確認などに簡単に使えるサンプルデータがいくつか同梱されている．その中に含まれている 4.2 節でも例として使ったアヤメの花のデータをここでも例として説明する．まず，図 4.35 は，3.5.3 項で説明した k-means 法を用いてアヤメの花のデータを分析した例である．import は，このような書き方でモジュールの内の必要な一部だけを読み込むこともできる．3 つのクラスに分類するよう n_clusters を 3 として KMeans の分類器を初期化し，

```
In [1]:   # scikit-learn から，必要な機能を読み込む
          from sklearn import datasets
          from sklearn.cluster import KMeans
          from sklearn.metrics import confusion_matrix

          # アヤメの花のデータを読み込む
          iris = datasets.load_iris()
          # クラスタ数を 3 として，アヤメの花のデータを分類する
          predict = KMeans(n_clusters=3).fit(iris.data)

          # 分類した結果を表示
          print(predict.labels_)
          # 分類結果をわかりやすくするため，混同行列を計算して表示
          print(confusion_matrix(iris.target, predict.labels_))
```

```
[0 0 0 0 0 0 0 0 0 0 0 0 0 0 0 0 0 0 0 0 0 0 0 0 0 0 0 0 0 0 0 0 0 0 0 0
 0 0 0 0 0 0 0 0 0 0 0 0 0 0 0 0 0 0 0 0 0 0 0 0 0 0 1 1 2 1 1 1 1 1 1
 1 1 1 1 1 1 1 1 1 1 1 1 1 1 1 1 1 1 1 1 2 1 1 1 1 1 1 1 1 1 1
 1 1 1 1 1 1 1 1 1 1 1 1 1 2 1 2 2 2 2 1 2 2 2 2 2 2 1 1 2
 2 2 2 1 2 1 2 1 2 2 1 1 2 2 2 2 2 1 2 2 2 2 1 2 2 2 1 2 2
 2 1 2 2 1]
[[50  0  0]
 [ 0 48  2]
 [ 0 14 36]]
```

図 4.35 k-means 法によるアヤメの花のデータのクラスタリング

fit 関数でクラスタリングを実行するだけで，k-means 法が実行される．結果を変数 predict に保存していて，具体的なクラスタリング結果は，predict.labels_ で得られる．それを表示させると図のように，150 個の各データが 3 つのクラスのいずれに分類されたかを示したリストが得られる．なお，このリストの 0〜2 の数値は，無作為に作られた 3 つのクラスに適当に番号が振られたものでしかなく，実行する度に結果が変わる．その後，どの程度正しく分類できたかを見るため**混同行列**を作っている．混同行列は，分類結果がどれぐらい正しいかを見るためのもので，ここでは各行が正解 (花の種類) を，各列が k-means 法で分けられた 3 つのクラスを表している．1 行目は，1 つ目の種類の 50 個の花は，1 つ目のクラスに分類されたという意味になる．2 行目は，2 つ目の種類の花は 48 個まで 2 つ目のクラスに分類されたが，残り 2 個が 3 つ目の別のクラスに分類されている．3 行目は，2 つ目，3 つ目のクラスに分類された花がそれぞれ 14 個と 36 個になっており，この方法で花の各部の大きさのデータから品種を判定することは難しそうだということが見てとれる．

　最後に，第 3 章で紹介したニューラルネットワークを用いた機械学習の例を紹介する．図 4.36 は，scikit-learn に実装された，MLPClassifier (Multi-layer Perceptron Classifier, 多層パーセプトロン分類器) を使った例である．ここでの目標は，ある花の各部位の計測値のデータ X を与えると，その花の品種 y をずばりと言い当てる分類器を作ることである．まず，手持ちのデータを，学習用データとテスト用データに分割する．なぜなら，すべてのデータを学習に用いればより正確な分類器を作れるかもしれないが，3.8 節で述べた過学習に陥る可能性もある．追加でデータを入手できるあてがない場合には，過学習に陥ってないことを確かめる方法がないため，データの一部のみ使って学習させた分類器が残りのデータを上手く分類できるかどうかで，学習の成否を確かめる方法がしばしば採られる．train_test_split はそういったデータの分割を行う関数である．

　分割したいデータ X と y を与え，test_size としてテスト用データに割り振る割合を指定すると，それぞれをランダムに学習用のデータとテスト用のデータに分割してくれる．ここでは，学習用データを X_train と y_train，テスト用データを X_test と y_test に代入している．次に，MLPClassifier 分類器を準備し，

```
In [1]:   # scikit-learn から, 必要な機能を読み込む
          from sklearn import datasets
          from sklearn.model_selection import train_test_split
          from sklearn.neural_network import MLPClassifier
          from sklearn.metrics import confusion_matrix

          # アヤメの花のデータを読み込む
          iris = datasets.load_iris()

          # 計測値のデータ X と, 品種のデータ y を用意する
          X = iris.data
          y = iris.target

          # データを学習用 (_train) と学習結果のテスト用 (_test) に分割
          X_train, X_test, y_train, y_test = train_test_split(X, y,
                                         test_size=0.3)
          # 分類器を用意
          clf = MLPClassifier(max_iter=10000)
          # 分類器に学習用データ (_train) を学習させる
          clf.fit(X_train, y_train)
          # できた分類器でテスト用データ (_test) を分類してみる
          predict = clf.predict(X_test)
          # 分類結果の混同行列を計算して表示
          print(confusion_matrix(y_test, predict))
```

```
[[15  0  0]
  0 14  3]]
  0  0 13]]
```

図 4.36　ニューラルネットワークを用いた機械学習の例

fit 関数で学習用データを学習させている. 最後に predict 関数でテストデータ
が含むそれぞれの計測値がどの品種のものかを判定させている. 判定結果は, 先
ほどと同様に混同行列として出力させた. 結果は実行ごとに変わるが, 今回の
結果では, $150 \times 0.3 = 45$ 個のテスト用データの内, 2 つ目の品種の花の内の 3
つだけが間違って 3 つ目の品種だと判定されている.

　MLPClassifier は非常に多くのパラメータを設定でき, 設定次第で性能が大
きく変わる. ここでは, 値が小さ過ぎると, 実行時に学習が十分に収束していな

いという警告メッセージが表示されるため，max_iter だけを指定している．他にも層やユニットの数，**活性化関数** (階段関数の代わりに用いる関数) の種類，最適化手法など，設定は多岐に渡り，それらは総称して**ハイパーパラメータ**とよばれる．対象によって異なる最適なハイパーパラメータを探索する方法も機械学習を用いたデータ分析における重要な問題である．

なお，本書執筆現在，MLPClassifier は **GPU** (Graphics Processing Unit) を用いた高速な計算には対応していないなど，大規模なデータの分析に用いるには向いていない．GPU は，元々，リアルタイム CG (コンピュータグラフィックス) を実現するため作られた画像描画用のプロセッサだが，ある程度，定型の計算をまとめて大量に行った場合の処理能力が高いという特性から，最近では CG 以外の用途にも幅広く使われるようになってきている．そのため，scikit-learn のこの機能は，どういった手法を用いるかをあれこれ試してみる程度に利用するのがよく，本格的に使うのであれば，よりニューラルネットワークに特化したライブラリやツールを用いることを視野に入れるべきである．

たとえば，フェイスブック社が開発して無償公開している PyTorch などでは，GPU を用いてより高速に機械学習が行える．同じく無償で使える TensorFlow を公開しているグーグル社に至っては，機械学習を高速に行うための TPU (Tensor Processing Unit) とよばれる専用のプロセッサまで作っている．

駆け足な紹介になったが，以上のように Python などのプログラミング言語を用いてデータ分析を行えば，定番の手法を簡単に実践できる他，オリジナルの手法を試すことも可能になり，できることの幅が大きく広がる．また処理の自動化の恩恵も非常に大きいため，より多くのデータをより少ない手間で扱えるよう，是非ともプログラミングを習得されたい．

課題学習

4.3-1 漸化式 $a_{n+2} = a_{n+1} + a_n$ $(n \geqq 1), a_1 = a_2 = 1$ で定まる数列 $\{a_n\}$ をフィボナッチ数列という．フィボナッチ数列を第 1 項から第 100 項まで計算し，表示させるプログラムを書け．

4.3-2 図 4.34 を参考にして，彦根市の 10 月 1 日と 12 月 1 日それぞれの最低気温の推移を表すグラフを重ねて表示させよ．

第 5 章
データサイエンスの応用事例

　この章では，データサイエンスが実際のビジネスや学術研究でどのように応用されているか，実例を交えながら紹介する．データサイエンスで使われる代表的な手法についてはすでに第3章で紹介したが，それらが実際どのように使われているかについても触れていく．これらの応用事例を通じて，現代社会におけるデータサイエンスの広がりと重要性を感じとってほしい．

5.1　マーケティング

5.1.1　マーケティングとは

　マーケティングという言葉は，今日，幅広い意味で用いられているが，ここでは簡単に「企業などが，自社の商品やサービスを販売するための方法」と考えよう．すると，自社の商品サービスを販売するためには，消費者がどのようなものを求めているか，データに基づいて把握・分析する必要がある．消費者のニーズを把握するだけでなく，「この商品はどれくらい売れるか」という販売予測を立てるのもマーケティングの一部である．提供する商品が決まったら，それをどのように売るかも考えなくてはならない．どのお店にいつ，いくつ出荷するかや，どのような宣伝を打つかも重要な要素である．売れた後も，顧客がそれで満足したのか，リピーターになってくれるのか，商品や販売方法に改善すべきところはなかったかなど，さまざまな分析課題がある．このように，マーケティングはデータ分析の塊なのである．

　また，利用可能なデータの面でも，マーケティングはデータサイエンスが大活躍する場である．企業は顧客の情報を以前から貴重な財産として管理してき

たし，最近ではスーパーマーケットの POS データやクレジットカードの利用
履歴，ウェブマーケティングでの利用情報など，まさにビッグなデータが毎日，
毎時蓄えられている．それらのデータを使いこなすことができる企業がビジネ
スで成功してさらに多くの顧客を獲得し，それによってさらに多くの顧客デー
タを手に入れてさらに進んだマーケティングを行い・・・，という形で，winner
takes all という状況も生み出されている．アマゾンがこれだけ成長したのも，
データをマーケティングに活用するとともに，それによってデータ収集の点で
も巨大な地位を築いたことが大きい．

5.1.2　消費者のニーズの把握

　マーケティングの第一歩は，消費者がどのようなものを求めているかを把握
することである．このためには，アンケート調査などの**市場調査** (マーケティン
グリサーチ) によって消費者ニーズを直接調べることもできるし，既存のデータ
やこれまでに集めた顧客からの要望事項を利用することもできる．

　アンケート分析で最も基本的なのは，3.1 節で紹介したクロス集計である．商
品 A と商品 B とを比較して，単に「商品 A のほうが売れそうだ」ということで
はなく，「どのような客層に売れそうなのか」を分析するためには，集計表の項
目を他の項目でさらに分割して，客層ごとの商品の支持割合を見る必要がある．

表 5.1　クロス集計表

顧客属性		合　計	商品 A を支持	商品 B を支持
性別	年齢層			
計	計	2000	1400	600
男性	計	1000	600	400
	〜19 歳	200	140	60
	20〜29 歳	・・・	・・・	・・・
	30〜39 歳	・・・	・・・	・・・
	・・・	・・・	・・・	・・・
女性	計	・・・	・・・	・・・
	〜19 歳	・・・	・・・	・・・
	・・・	・・・	・・・	・・・

5.1.3　需要予測

　ある商品を売り出すことが決まっても，それが具体的に何個売れるかを適切に予測し，生産計画やスタッフの配置を考えなくてはならない．何個売れるかを予測することは，相手 (消費者) があることなので難しいが，作りすぎると，売れ残った分は在庫となり，それが積みあがると経営を圧迫するし，一方で，在庫が発生するのを避けるために作る数を少なくしすぎると，商品が品切れになって販売の機会をみすみす逃してしまう．その客が他の店に行ってしまうと，大事な顧客を失うことにもなりかねない．需要の予測を正確に立てることが重要である．もちろん，100 % 正確に予測することは実際上は不可能でり，在庫を抱えるリスクをとるのか品切れのリスクをとるのかは最終的には経営判断の範疇であるが，データサイエンティストとしてはその判断の助けとなるような需要予測を提供する必要がある．

　需要予測を行うための基本的な手段は，3.2 節で紹介した回帰分析である．そこでも紹介したように，たとえばアイスクリームの需要を予測するのに，要因 (説明変数) として「気温」を考えた場合，

$$(アイスクリームの売上) = a + b \times (気温) \tag{5.1}$$

という回帰式を立て，過去のデータを用いて回帰分析を行い，係数 a, b を推定する．決定係数 R^2 が小さければ，重要な変数が含まれていない可能性があるので，そのような変数がないか (たとえば，休日のほうが売上が大きく伸びる，など) を検討する．散布図や残差項のプロット図を見て，外れ値がないかを確認し，外れ値があればそれを除外するのか含めたままで分析するのかを決定する．また，t-値が 0 に近い (P-値が大きい) 変数については，その係数のプラスマイナスが不安定なことを意味しているので，回帰式から除外するかどうかを検討する．

　また，詳しくは回帰分析の教科書に譲るが，変数の数を増やせば増やすほど決定係数 R^2 は上がるので，そのような影響を調整した「自由度調整済み決定係数」や「赤池情報量規準 (AIC)」とよばれるものも見ながら，どの変数を含めるかを検討する．このような手順を踏んで，回帰式が「よい」式であるかを吟味する．

　そのようにして得られた回帰式を使って，たとえば来週日曜日のアイスクリームの販売予測を立てるには，(気温) のところに日曜日の予想気温を代入して計

算すればよい. 販売予測には誤差があるので, すでに述べたように「できるだけ品切れを避ける」というような経営判断がある場合には予測値よりも多めに在庫を用意するといった判断も必要になる.

回帰分析は, データを与えればとりあえず何らかの答えは出てくるので, 非常に強力な手法である. その反面, 回帰式の意味をきちんと考えずに式を立てて予測を行っていると, 思わぬ落とし穴に落ちる危険性もある. よい回帰式を作るためには, 上でも注意したように, どの変数を入れるか, その分野における既存の知恵も活用しながら慎重に考える必要がある.

5.1.4　顧客のセグメンテーション

現代では顧客の嗜好にもさまざまなものがあり, 画一的な商品を提供していれば皆が買ってくれるというものでもなくなった. さまざまなタイプの顧客がいることを認識し, それぞれの特性に応じた商品・サービスの提供が求められているのである. また, 市場には競争企業が多数存在することを考えると, 競争相手と比較した場合に自社が強みをもっている顧客層はどこか, きちんと認識しておく必要がある.

その場合, 顧客をその属性に応じていくつかのグループ (セグメント) に分けること (セグメンテーション) が必要となるが, そのときに使われるのが, 3.5 節で紹介したクラスタリングである.

クラスタリングは, 顧客のさまざまな属性を使って近い者同士をグループ化する手法であった. 用いる属性としてはさまざまなものが考えられ,

- 住んでいる地域などの「地理的変数」
- 性別や年齢, 所得などの「人口統計的 (デモグラフィック) 変数」
- その人の嗜好やライフスタイルなどの「心理的 (サイコグラフィック) 変数」
- どの商品を購入したか, どのウェブサイトを見たかなどの「行動・態度変数」

といったものが使われる.

顧客のセグメンテーションを行ったうえで, どのセグメントを目標 (ターゲッ

ト）にするか，そのセグメントに効果的に訴求する手段は何か，といったことを
考えるのである．

「どの商品を購入したか」，「どのウェブサイトを見たか」といった情報は，
スーパーマーケットの POS データやネットショッピングでのデータから入手で
きる．それだけでは性別や年齢といった情報が含まれていないが，コンビニエ
ンスストアではレジでの支払いの際に，店員が客の性別や年齢階層を入力して
いることはよく知られている．また，最近ではスーパーマーケットがポイント
カードを発行して「100 円のお買い物ごとに 1 ポイント進呈」といったことを
行っている．ポイントカード発行時にその人の性別や年齢，住んでいる地域や
職業などの情報を取得していれば，それを利用することによりそのような顧客
属性もわかり，さらにはその人が 1 カ月間に何度来店しているか，昨日は何を
買ったかという情報とも結びつけることができる[1]．

ポイントカードを利用していない人の場合は，そのような地理的変数や人口
統計的変数は得られないが，逆に，「何時にどこのお店に来店したか」，「どのよ
うな商品を購入したか」といった観察可能な変数から，回帰分析などの手法を
使って地理的変数や人口統計的変数を予測することも行われている．その人の
好みといった心理的変数は，一般的にはアンケート調査などでないと入手しに
くいが，これも同様に，アンケート調査から「かくかくしかじかの地理的，人
口統計的および行動・態度変数を有する人は，このような心理的変数をとる傾
向が強い」といった傾向を分析して，それをもとに，アンケートデータが得ら
れない人の心理的変数を予測することも行われている．

5.1.5 A/B テスト

ニーズの把握やターゲットとなるセグメントの絞り込みも終わった後で，実際
に売り込みをかけるときに重要となるのが広告戦略である．どのようなキャッ
チコピーをつけ，どの商品の写真を掲載するか，背景や文字の色はどうするか
など，決めなければならないことは多い．どのような広告が効果をもたらすか

---

[1] ただしその場合，利用する情報に名前や詳細な住所が含まれていれば個人を特定できてしま
うし，そういった情報を削除した場合でも特に高額な買い物をしたなどの特殊なケースでは
個人が特定されてしまうおそれもあるので，個人情報保護の観点から利用に問題がないか，
きちんとチェックする必要がある．

については学問的な研究もあるが，最終的には「消費者がそれを見てどう思うか」なので，いっそのこと消費者に2種類の広告を見せてどちらのほうが反応がよいか(買ってくれる確率が高いか)決めてもらおう，というのが**A/Bテスト**である．AとBの2種類の広告を見せてそれを比較するので，このような名前がついている．

ただ，実際の店舗でA/Bテストを実行するのはなかなか難しい．たとえば，2種類のチラシの効果を比較するために，渋谷駅でチラシAを，新宿駅でチラシBを配って，来店する客がどちらのチラシを見てきたのかを調べたとしよう．この場合，チラシAのほうが来店数が多かったとしても，それで「チラシAのほうが効果が高い」と断定することはできない．渋谷駅と新宿駅とでは利用者層がそもそも異なり，渋谷駅のほうが学生や若者の利用者が多いかもしれない．そのような状況で調査を行ったとしても，その結果は，チラシの良し悪しではなく，2つの駅の利用者層の違いを反映しただけかもしれない．読者は中学・高校でもある程度「標本調査」や「無作為抽出」について学んだと思うが，調査対象を選ぶときに何も作為的なことをしなければそれで自動的に「無作為抽出」になるわけではない．2.4.3項で説明したように標本に偏りが出ないようにさまざまな注意をしなくてはならず，実際に無作為抽出を実現するのはなかなか大変である．

ところが，ウェブマーケティングの世界では，無作為抽出やさらには2.4.2項で説明した実験研究に近いことを，割と簡単に再現できる．ウェブを訪れた人をランダムに振り分けて，片方の人には広告Aを，もう片方の人には広告Bを見せて，どちらが成約率が高かったかを調べればよい．振り分けが完全にランダムに行われれば実験研究であるといえるし，どの顧客にどちらの広告を見せたかを管理しておけば集計も容易である．

実際，グーグルでは毎日数多くのA/Bテストをウェブ上で実施しているといわれている．また，アメリカのオバマ元大統領が大統領選挙の際のキャンペーンサイトでA/Bテストを活用し，集める政治献金額を大幅に増加させたことも知られている．我々自身も意識しないうちにA/Bテストに参加していて，あなたが見ているウェブサイトのデザインも，隣の人が見ているデザインとは違ったものであるかもしれないのである．

5.1.6　商品の推薦システム

インターネットの通信販売を利用しようとすると，必ずといっていいほど，「あなたにお薦めの商品はこれです」といった広告が表示される．専門書を選んでいるときなど「こんな本もあるのか」という発見もあったりして，使いようによっては便利なシステムである．アマゾンのネットショッピングや Netflix の映画配信における「おすすめ」がその例である．

このような仕組みを，**推薦** (レコメンデーション) **システム**というが，これもデータサイエンスの手法を用いて，「あなたと似たような購買履歴をもつ人は，他にどのような商品を買っているのか」ということを計算しているのである．

そのためにまず，「どの商品を買ったか」ということを数学的に表す方法を考えなくてはならない．これは，商品を買ったことを 1，買わなかったことを 0 で表すことにすればよい．商品は 1 種類だけでなくたくさんあるから，それは数字を並べて表すことにして，「商品 A を買った，B を買わなかった，C を買った」というのを 3.2 節のダミー変数を用いて (1, 0, 1) という数字を 3 つ並べたもの (3 次元のベクトル) で表すことができる．商品が 100 種類あれば 100 次元のベクトル，200 種類あれば 200 次元のベクトルで表すということになる．

次に，これを用いて，「A さんと B さんの購買パターンは似ているか」を考えよう．2 つのベクトルが似ているかどうかについては，いくつかの計算方法があるが，2.2 節で紹介した相関係数を用いることが多い．相関係数は -1 から 1 の間の値をとり 1 に近いほど 2 つのベクトルが似ていることを示すので，相関係数が 1 に近い人を探してくれば「購買行動が似ている」と考えることができる．

「商品を買う／買わない」だけであれば 1 と 0 の 2 段階の評価しかないが，その商品をどれだけ強く支持しているかをもっと細かく数値化することもできる．

表 5.2　推薦 (レコメンデーション) システム

	商品 1	商品 2	商品 3	商品 4	$\cdots$
A さん	1	0	1	1	
B さん	1	1	0	0	
C さん	1	1	1	1	
$\vdots$					

たとえば，映画を見た後で「この映画はどれくらい面白かったですか」という感想を1から5までの5段階で評価し，それを先ほどと同様に相関係数を計算して「あなたと映画の好みが似ている人」を選び出すことができる．

5.1.7 アソシエーション分析

アソシエーション分析については，3.4節でかなり詳しく紹介した．多数の商品がある中で，どのような商品の組み合わせを行えばよく売れるようになるか(たとえば「おむつを買う人は同時にビールを買う確率が高い」)を，

$$\text{リフト値 (おむつ → ビール)} = \frac{P(\text{ビール} \cap \text{おむつ})}{P(\text{おむつ}) \times P(\text{ビール})} \tag{5.2}$$

$$\text{支持度 (おむつ → ビール)} = P(\text{おむつ} \cap \text{ビール}) \tag{5.3}$$

$$\text{信頼度 (おむつ → ビール)} = \frac{P(\text{ビール} \cap \text{おむつ})}{P(\text{おむつ})} \tag{5.4}$$

という3つの指標を用いて「支持度および信頼度が一定値 (たとえば0.1) を超えるものの中で，リフト値が1を超えるもの」を探すのであった．

特にマーケティングの分野では，アソシエーション分析というのは「買い物かご (バスケット) に何が一緒に入っているか」を分析することなので「マーケットバスケット分析」とよばれることもある．すでに述べたように，アソシエーション分析で必要となる計算は，「商品Aと商品Bとを一緒に買った人の人数」を数え上げてそれらを割り算，掛け算するだけなので，計算機で大量に計算することができる．そのため，ビジネスでも数多く使われている．

実際，

- スーパーマーケットで牛肉の隣にどの惣菜の素を陳列するか
- 缶ビールのCMでどのツマミを使うか

など，私たちの身近なところにアソシエーション分析の成果が使われている．

5.2 金融

金融業というと，スーツに身をくるんだビジネスパーソンがさっそうとウォール街を闊歩するようなイメージをもっている読者が多いかもしれない．しかし，

現代の金融業は，高度な数学を駆使したデータの塊であり，データサイエンスが
活躍する場面も多い．また，金融業も預金者や貸付先といった顧客を相手にし
ている以上，前節で紹介したようなマーケティングを無視することはできない．

　この節では，金融業においてどのような形でデータサイエンスが応用されて
いるのか，その一端を紹介する．

5.2.1　ポートフォリオセレクション

　銀行は一般に，顧客から預金という形で資金を集め，それを企業への貸付や
金融商品への投資という形で資金運用を行って利益を得ている (それ以外に，金
融商品の販売手数料などで利益を得ることもある)．資金運用の結果として得ら
れる収益は不確実である．実際，株式に投資した場合は 1 年後にその株が値上
がりしているか値下がりしているかわからないし，企業への貸付であればその
企業が倒産して貸し倒れになるかもしれない．収益に不確実性がある場合，ど
のように運用先を決めればよいのだろうか．

　この問題に数学的基礎を与えたのが，アメリカの経済学者ハリー・マーコ
ウィッツによる**ポートフォリオセレクション**理論である．ポイントとなるのは，

- 資金運用は，収益の期待値だけでなく，そのリスク (標準偏差) もあわせ
て考える必要がある
- リスクは収益の標準偏差で測ることができる
- 複数の種類の金融商品を組み合わせる分散投資を行うことにより，リス
クを減らすことができる

という 3 点である．このことを，数式を使って解説しよう．

　2 種類の資金運用先があり，それぞれの収益率を X, Y で表すこととする．将
来の収益率には不確実性があるから，X や Y は確率変数である．X および Y
に投資する割合をそれぞれ a, b (ただし $a, b > 0$) とすると，全体の収益率は
$aX + bY$ となる．これも確率変数であるが，その期待値と分散を計算すると，

$$E[aX + bY] = aE[X] + bE[Y] \tag{5.5}$$

$$V[aX + bY] = a^2 V[X] + 2ab\rho_{xy}\sigma[X]\sigma[Y] + b^2 V[Y] \tag{5.6}$$

となる．ただし，$V[X]$ は X の分散，$\sigma[X]$ はその平方根 (標準偏差)，ρ_{xy} は X と Y の相関係数である．

$\rho_{xy} \leqq 1$ なので，上の式から，

$$V[aX + bY] \leqq a^2 V[X] + 2ab\sigma[X]\sigma[Y] + b^2 V[Y] = (a\sigma[X] + b\sigma[Y])^2$$

となって，両辺の平方根をとると

$$\sigma[aX + bY] \leqq a\sigma[X] + b\sigma[Y] \tag{5.7}$$

が得られる．つまり，期待収益率は単純な足し算となるが，リスク (標準偏差) のほうは X と Y との相関係数が 1 でない限りは単純な足し算よりも小さくなる．図示すると図 5.1 のようになり，$a\sigma[X]$ と $b\sigma[Y]$ を 2 つの辺とする平行四辺形の対角線が $\sigma[aX + bY]$ となる．ただし，2 つの辺の間の角 θ は $\cos\theta = \rho_{xy}$ を満たすような角である．すると 2 つの辺が同じ向き ($\theta = 0$) でない限り，2 つの辺の長さの合計は対角線の長さよりも大きくなる．

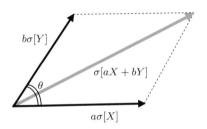

図 5.1 分散投資によるリスクの軽減

3 種類以上でも同様の議論が成り立つ．資金運用を行う場合，期待収益はできるだけ高く，その一方でリスク (標準偏差) はできるだけ小さくしたいであろう．上の計算と同様，複数の種類の資金運用先でうまく分散投資を行うことによって，期待収益率を一定に保ったままでリスク (標準偏差) を小さくすることができるのである．

ただし，リスクを小さくできるからといって，完全にリスクをゼロにすることは一般にはできない．一定の期待収益率の下でリスクを最小にするような分散投資は，数学的には制約条件の下での最小値を求めるということになる．冗長な計算になるので詳細は省略するが，そのような期待収益率 μ と標準偏差 σ

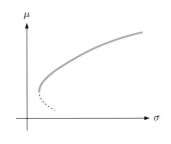

図 5.2　有効フロンティア

との関係は，

$$\sigma^2 = A + B\mu + C\mu^2 \tag{5.8}$$

という 2 次関数になり，これを (慣例として σ のほうを横軸にとって) グラフに描くと，図 5.2 のような双曲線となる (ただし，A, B, C は収益率の期待値や分散，共分散により決まる定数)．

　この双曲線を**有効フロンティア**とよび，リスク回避的な (リスクが小さい方を選択する) 投資家であれば，この有効フロンティア上のいずれかの点で表されるような分散投資を行うことになる (どの点を選ぶかは，その投資家がどの程度リスクを許容するかによって異なる)．

　現在の資金運用は，このように単純な分散投資だけでなく，さまざまな金融派生証券 (デリバティブ) なども使ったものとなっているが，分散投資の考え方は依然として資金運用の基本的なアイデアとなっている．また，以上では期待値，分散，相関係数は既知として説明したが，実際には，過去のデータから推定して有効フロンティアを求める．

5.2.2　デフォルト確率の分析

　銀行の資金運用先として最も重要なのは企業への融資であるが，場合によっては企業が倒産してしまい貸し倒れになることもある．それらは，以前であれば担当者が足繁く融資先に通って経営状況をモニタリングしていたのであるが，その企業のキャッシュフローなどの情報から，将来的な貸し倒れ (デフォルト) の確率を予測できないであろうか．また，銀行以外にも個人向けのローンなどを手掛けている会社もあるが，多数の個人の経済状況を常時モニタリングする

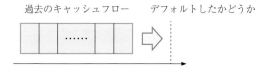

過去のキャッシュフロー　　　デフォルトしたかどうか

図5.3 過去のキャッシュフローを用いたデフォルト確率の予測

のは困難であること，また個人向けローンでは担保をとらないことも多いことから，データに基づきデフォルトを予測することは重要である．

　デフォルトするかしないかは，数学的には「する＝1，しない＝0」の2つの値をとるものとして表されるから，第3章で紹介したロジスティック回帰モデルを利用することができる．目的変数を「デフォルトした＝1，デフォルトしなかった＝0」の2値をとるものとし，説明変数としては，将来的なデフォルト確率をこれまでのキャッシュフローのデータから予測したければそれらの変数を入れて計算すればよい．c_k を k カ月前のキャッシュフローとして，

$$P(\text{デフォルト}) = \frac{1}{1 + \exp(-(a + b_1 c_1 + b_2 c_2 + \cdots))} \tag{5.9}$$

とモデル化する．

　カードローンの審査のように，過去のキャッシュフローのデータが使えないときは，その人のさまざまな属性 (年齢，職業など) を説明変数として，同様にロジスティック回帰を用いればよい．

　なお，「デフォルトした＝1，デフォルトしなかった＝0」という2値を分析する手法は，ロジスティック回帰以外にもいくつかある．第3章で紹介した決定木分析もその1つであるし，明示的にモデル化 (回帰式の特定) を行わなくてもニューラルネットワークに必要なデータを入力して計算させるということも最近では多い．これらの手法のどれが優れているかは，データの性質にもよるので，一概にはいえない．実務上は，これらいくつかの手法を実際のデータに当てはめてみて，どれが成績が良かったか (デフォルトする・しないを正しく予測できたケースが多かったか) を比較して，最も成績の良かった手法を採用することも多い．あるいは「3人寄れば文殊の知恵」で，いくつかの手法でデフォルト確率を計算したうえで，その平均値をとるといったことも行われている．

　デフォルト確率の分析の際に困るのは，金融業ではデフォルトが起こらない

ようにさまざまな方策をとるために，実際にデフォルトが起こったというケースが非常に少ないということである．データ分析を行う以上，実際にデフォルトが起きたケースのデータがなくては予測も立てられない．同様のことは工場における機械の故障予測の場合も生ずる (実際に機械が故障してからでは工場も生産停止で困ってしまうので，事前に対応をとるのが普通である)．このように，実際のデフォルトが観察できないような場合には，代わりの変数として，たとえば企業の財務格付けデータなどを用いることになる．

5.2.3 顧客行動の分析

金融業も客商売なので，よい顧客 (預金をたくさんしてくれる，保険に入ってくれる，電気料金の口座振替をしてくれるなど) をどう見極めるか，顧客にどうアプローチするかは重要な問題である．これらは 5.1 節で紹介したマーケティングの問題と捉えることができるので，同じ手法を使って分析することができる．

たとえば，銀行にとって預金を中途解約されたり，保険会社にとって保険を中途解約されたりするのは，経営的にも痛手であるし，顧客との長年の信頼関係が途切れてしまうことになる．解約するかどうかは最終的には顧客の判断とはいえ，たとえば生命保険ではいったん解約して新たに保険に入ろうとしても年齢が高くなると保険料も高くなることが多いし，健康状態によっては新しい保険への加入を断られることもある．顧客は軽い気持ちで解約を考えているかもしれないが，中途解約にはそのようなデメリットもあることを十分理解してもらうのも金融業の大事な仕事である．中途解約も，「解約する＝1，解約しない＝0」という 2 値と捉えると，先ほどのデフォルト確率の分析と同様，ロジスティック回帰分析や決定木分析を使うことができる．また，クラスタリングの手法を用いて顧客のセグメンテーションを行い，どのような属性をもつ顧客層が中途解約する確率が高いかを見極め，必要に応じて担当者が電話をかけたり営業員が訪問したりするといったことも多く行われている．

また，電話やダイレクトメールで金融商品の勧誘を行うことも多い．その場合，どのような顧客層が成約率が高いかを見極め，効率的なマーケティングを行う必要がある．これも「成約＝1，成約しない＝0」と考えると，ロジスティック回帰や決定木分析などの手法を用いることができる．

5.2.4 保険

生命保険や損害保険などの**保険**は，そもそもが確率論・データサイエンスに立脚している事業である．

例として，生命保険を考えよう．20 歳の男性が 30 歳までに死ぬ確率は約 0.5 ％ である (厚生労働省「第 22 回生命表」)．この人が家族を抱えていて「万が一，自分が死ぬようなことがあった場合，残された家族の生活のために 1 億円残したい」と考えても，個人で 1 億円準備するのはなかなか大変である．しかし，同じような人を 1000 人集めれば，その中で不幸にして 30 歳までに亡くなる人は 1000 × 0.5 ％ ＝ 5 人と見積もることができるから，全体で 5 億円準備できればよい．これを 1000 人でお金を出し合うことにすれば，一人一人は 50 万円準備すればよいことになる．多数の契約者を集めれば，確率論でいう「大数の法則」によって全体の死亡数は一定の割合に収束するので，それに見合う金額を保険料として徴収すれば全体で収支はトントンになる．これが最も簡単な保険の仕組みである．

実際には，死亡率は年齢とともに上昇するので，若い人も高齢者も同じ保険料を設定すると若い人からは不満の声が上がるであろう．これを解決したのが，ハレーすい星で名高いイギリスの天文学者エドモンド・ハレー (1656–1742) であり，ドイツの都市ブレスラウの記録に基づいて年齢別の死亡確率を計算して年齢別保険料に関する基礎付けを与えた．

現在では，年齢以外にもさまざまな要因を使ってリスクを細分化し，リスクに応じた公平で公正な保険料を設定することも広く行われている．生命保険の分野では，タバコを吸わない人には保険料を安くする非喫煙者割引や，逆に一定の病気を抱えた人でも保険料を割り増しした上で保険加入を認めるといったことが行われている．損害保険では，自動車保険において運転者の事故履歴に応じて保険料を変えたり，さらに進んでたとえば，あいおいニッセイ同和損害保険では，自動車にモニターを搭載して運転者がどの程度安全な運転をしているか (走行距離，急ブレーキや急発進の頻度など) をモニターしそれに応じて保険料を設定することも行われている (テレマティクス保険)．テレマティクス保険は，保険会社のメリットになるだけでなく，運転状況のモニタリングによっ

て運転手に安全運転を促す効果もあり，またそれによって得られたデータを交通安全対策にも応用することが考えられるので，社会的意義も大きい．

　最近ではさらに進んで，遺伝子情報を生命保険に活用できないかといった議論もなされている．医学的研究の進歩によって，遺伝子が特定の病気の発症に深く結び付いていることなどが明らかになってきており，その情報を用いればさらに適切なリスク評価ができるのではないかということである．しかし一方で，遺伝子は生まれつきのものであって個人の努力でどうにかなるものではないこと，「あなたは病気にかかるリスクが高いので保険加入をお断りします」ということになっては社会的な問題にもなる．「私は高血圧になりやすいので，塩分を控えめにしよう」という形で使うのであれば社会全体にもプラスになると考えられるが，遺伝子情報の利用については倫理的な側面も踏まえて今後深い議論が必要であると思われる．

5.2.5　AI (人工知能) の活用

　金融業はもともと労働集約的な産業だと考えられてきた．支店では窓口職員が懇切丁寧に顧客からの相談に乗り，融資では担当者が融資先に足繁く通って将来展望などを相談するといったことが行われてきた．しかしながら，世の中でさまざまな形で機械化が進展する中，金融業においても単純作業はできるだけ機械に任せ，重要な判断が必要なところは人間が行うという形で，機械化が進みつつある．企業におけるこのような定型的な業務の機械化の動きは **RPA** (Robotic Process Automation) とよばれている．そこで大きく注目を浴びているのが，AI (人工知能) の活用である．

　たとえば，金融業におけるコールセンターを考えてみよう．コールセンターにかかってくる電話の多くは定型化された簡単な問い合わせであろうが，中には，高度な判断を要するものもある．定型化できるものはできるだけ機械 (AI) に任せることができれば，複雑な案件にヒューマンリソースを集中することができる．問い合わせに機械で対応するためには，音声処理技術を使って顧客が話している言葉を認識した上で，それぞれの場合に応じた対応が必要になる．音声処理については 5.5 節で解説するが，データサイエンスが大活躍する部分である．

　顧客からのアンケートなどの文字化された情報の処理にもデータサイエンスが活用される．これらは「テキスト分析」として，データサイエンスの一分野としてすでに確立された領域となっている．英語だと各単語がきちんと分かれているが日本語ではまず文節を区切ることからはじめなくてはならない．100 年ほど前，電報が通信の主要な手段として使われていた時代には，「カネオクレタノム」という電文が区切り方によって 3 通りの異なる意味をもつという笑い話があったが，文節の区切り方は重要である．人間であれば「前後の文脈から判断する」のだが，それはデータサイエンス的にいうと「前後の言葉を見て，ベイズ推論により判断する」ということになるだろう．そのうえで，回帰分析やアソシエーション分析，クラスタリングなどの手法により，アンケート結果の分析やそれに基づいた対策などを考えることになる．

　融資判断のような金融機関の基幹的業務においても，AI が，人間の判断に資するような情報を提供しはじめている．すでに紹介したデフォルト確率の分析もそうであるし，さまざまな投資判断においては今やコンピュータは必要不可欠である．保険会社においても，たとえば，かんぽ生命保険では，保険金の支払審査 (適切な支払額を定める審査) に，AI を活用している．

5.3　品質管理

5.3.1　産業・企業の生命線をにぎる「品質」

　現代の私たちの暮らしや社会は，産業によって支えられているといっても過言ではない．現代社会では，産業の発展によりさまざまな製品やサービスが提供されているが，今後も暮らしや社会を支え貢献していくために，産業は大きな役割を果たし，進化していくことが期待される．

　産業において，「QCD」という言葉が使われる．「品質 (Quality)」，「コスト (Cost)」，「納期 (Delivery)」の頭文字をとった略語であり，産業活動で管理すべき基本要素を示している (図 5.4 参照)[2]．

　産業活動は，QCD の高度化・適正化の追求であるといえるが，企業活動を，

---

[2] 一般に QCD といわれるが，労働安全 (Safety)，環境管理 (Environment) を加えて SQCDE などの言い方もされる．また D は Delivery の頭文字であるが，一般的には納期と示され，さらには生産・生産性を含めた意味で用いることが多い．

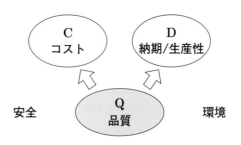

図 5.4　産業活動の基本要素 QCD

コスト優先，生産性優先の考え方で行っても，品質に問題があればその製品の存在価値はなく，消費者や顧客，社会に受け入れられない．すべての基盤・前提は，Q「品質」にある．また，安定した品質を実現するためには，トラブルがない最適な生産活動が必要である．品質を追求していくことは，結果的に，コスト低減や納期短縮，生産性向上など，QCD 全体の高度化・最適化を実現していくことにつながる．

このように，優れた安定した品質，高度で間違いない品質，魅力的で信頼できる品質の提供は，企業活動の基盤・前提であり，「品質管理」は，産業，企業の生命線をにぎる活動といえる．

5.3.2　現代の品質管理の考え方

戦前および戦後しばらくの間，日本の工業製品の品質に対する評価は低いものであったが，現代の日本製品に対する信頼は高いといえる．その背景には，戦後米国から学んだ品質管理の考え方を，産学官が協力し，我が国独自の全社的品質管理・総合的品質管理活動として発展させ，体系化してきたことがある．この全社的品質管理・**総合的品質管理**活動は，**TQM** (Total Quality Management) とよばれている．

また，生産活動の中ではさまざまなばらつきや変動がある．そのことを踏まえた，数理的・論理的な品質管理が重要である．そこで，統計的な考え方や手法を適用した品質管理が行われている．そのため，現代の品質管理は，**統計的品質管理**「**SQC** (Statistical Quality Control)」とよばれている．

現代の品質管理には色々な役立つ考え方があるが，基本となる考え方をまと

1. 結果を生み出すプロセス（工程）に着目し，不良をつくらないプロセスを作り上げていく．
   ● 生産プロセス　　● 新製品開発プロセス
   ● 業務プロセス　　● 経営プロセス
2. 工業生産は " ばらつきとの戦い・極小化 "．
3. 主観的判断ではなく，事実とデータをもとに判断する「科学的品質管理」を行う．

図 5.5　現代の品質管理の考え方

めると，図 5.5 のようなポイントがあげられる．

　まず，よい品質 (結果) はよいプロセスからうまれるという考え方が重要である．従来の品質管理では，結果重視の考え方が強かった．生産した製品を検査し，良い製品だけを出荷するという考え方である．それに対し現代の品質管理は，「よい品質をうみだすことができるプロセスにしていく」というプロセス重視の考え方に基づいている．

　生産された製品，すなわち不良[3]も含まれているかも知れない製品を検査・選別して品質を保証するのではなく，「不良そのものをつくらないプロセスに改善していく」という取り組みが行われてきた．不良をつくらないプロセスは，不良が生まれる原因を一つひとつ追究し，改善を積み重ねることで実現することができる．

　このプロセス重視という考え方は，生産プロセスだけに限らず，さらに，「新製品開発のプロセス」，「業務のプロセス」そして「経営のプロセス」というように，概念が広げられてきた．このようにして，全社的品質管理・総合的品質管理という考え方に基づき，製品の品質だけではなく，それらを生み出す経営体質，経営の品質の強化が図られてきた．

　2つ目にばらつきとの戦いがあげられる．従来，品質を考えるとき「水準」には着目するが「ばらつき」に対する着目が少なかった．しかし大量生産する製品には，必ず何らかのばらつきがある．工業製品の品質は，このばらつきを極小

---

[3]　「不良」を表す言葉として，品質管理では「不適合」という用語が使われるが，本書では理解を容易にするため一般的な「不良」を用いる．

化することに意味があり，重要である．そこでばらつきの極小化を目指し，ば
らつきが生じる原因を追究・改善する「ばらつきとの戦い」を徹底して行うこ
とで，日本の工業製品の信頼は高められてきたといえる．

　3つ目に事実とデータに基づく科学的品質管理が重要である．現代の品質管理
は，事実とデータに基づく論理的な品質管理である．品質管理において，最終
的には人がかかわり，判断や処置が行われる．しかし人の「勘や経験」だけに
頼っていては，客観性や妥当性がない判断や処置が行われることが少なくない．
そこで，客観的で納得性のある判断や処置を行うために，事実とデータを重視
している．

5.3.3 品質の分類

　品質の定義や分類にはいくつかの考え方があるが，代表的な分類が「**設計品
質**」と「**製造品質**」である (図 5.6 参照)．品質管理は，これら 2 つの品質を適
切に作りこむための，体系的・組織的活動である．

　設計品質とは，研究・開発で検討し，具体化，決定した新製品の構成，性能，
仕様である．「狙いの品質」ともいい，大量生産で再現する基準となる品質であ
る．製造品質とは，設計品質を再現し，工場で大量生産した製品の品質である．
設計品質に一致することが望ましく，「適合の品質」ともいう．製造品質はばら
つきをもっており，そのばらつきを小さくし許容範囲内に管理することが重要
になる．

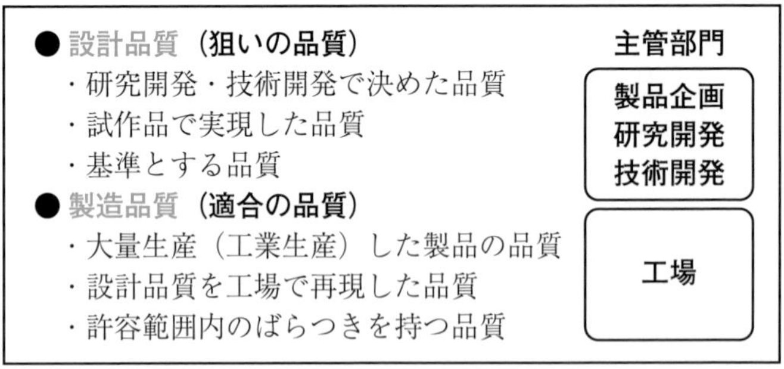

図 5.6　品質の分類 (設計品質と製造品質)

5.3.4　品質管理におけるデータ

　図5.7に示すように，設計品質は新製品開発プロセス，製造品質は生産プロセス，工程の管理と改善プロセスを経て作りこまれる．これらのプロセス中では，市場やニーズにかかわる調査データや情報，技術，開発にかかわる実験や評価データ，最適な製造条件設定や管理に関するデータなど，さまざまなデータや情報が存在する．これらをいかに把握し，活用するかが重要である．品質管理では，多くのデータや情報が必要であり，活用されている．

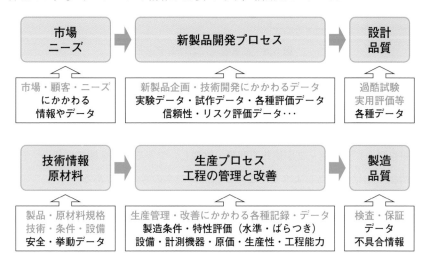

図 5.7　品質管理で活用されるさまざまなデータや情報

　品質管理で扱われるデータを分類したのが，図5.8である．**数値データ**，**言語データ**およびその他データがある．こうしたデータを駆使し，必要な知見や情報を得て，判断・アクションをとるのがデータ活用の目的である．

　基本となるのが，数値で示される「数値データ」である．数値データには，強度や寸法など連続的数値で示される「計量値」と，個数や欠点数など離散的数値で示される「計数値」の2つの種類がある．

　既述のとおり，現代の品質管理は統計的品質管理である．数値データを把握し，目的に合った色々な統計的解析手法が適用されている．

　次に品質管理では，数値ではなく，状況や知見などを表す言葉・文字情報も活用する．これを「言語データ」とよんでいる．品質管理実務は複雑であり，情

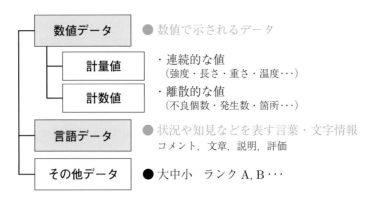

図 **5.8**　品質管理におけるデータ

報や知見は数値データ化されていないことも多い．また，最終的には数値デー
タで把握する場合でも，「どのようなデータを収集すればよいか」などを検討し
明らかにしていきたい場面もある．そうした，状況認識や問題の整理などに取
り組む場合に，言葉・文字情報を収集・整理し，できるだけ客観的に扱い，必要
な情報や知見を抽出しようとするのが言語データの考え方である．

　その他データとして，順位，ランク付けなどがある．区分，層別することに
より，情報を整理し，重み付けするなどの活用が行われる．

5.3.5　データ活用のための手法：数値データの活用手法

　数値データを視覚化し，判断・アクションを支援するための代表的手法が
QC7つ道具である．QC7つ道具は，品質管理で最も汎用的に活用される手法
である．ヒストグラムや散布図などデータ分析の基本的な手法も QC7つ道具
に含まれる．QC7つ道具には，実践的で重要な手法が集められており，現場だ
けではなく広く実務において活用されている．なお特性要因図は言語データを
扱う手法であるが，活用の利便上，QC7つ道具の中の1つとして組み込まれて
いる．

　数値データに対しては，さらに，検定・推定や実験計画法，相関分析，品質工
学，多変量解析など，多様な統計的解析手法が適用され，研究開発，生産，管理
などの場面で活用されている (図5.9参照)．

1）視覚化する手法『QC7つ道具（Q7）』
① チェックシート ② グラフ ③ パレート図
④ ヒストグラム ⑤ 管理図 ⑥ 散布図
⑦ 特性要因図(言語データ)

2）統計的解析手法
① 検定・推定 ② 相関分析 ③ 実験計画法
④ 信頼性工学 ⑤ 品質工学 ⑥ 多変量解析など

図 5.9 数値データの活用手法

(1) チェックシート

データを収集するために，チェックする項目やデータを記録するために必要な欄など，必要事項をあらかじめ記入した用紙(様式)．表形式(図 5.10)や図面形式など，データ収集目的に合ったものを作成して使用する．

製品名	製品○○＃△△	項目	外観品質検査不適合品	記録者	○○○
				集約日	○年○月○日

製造・検査日	10/1	10/2	10/3	10/4	10/5	合計	特記事項
ゆがみ	///	卌//	///	卌	卌	23	
われ				卌卌 卌/		16	·····
キズ	卌 卌 卌 卌 ///	卌 卌 卌 ///	卌 卌 卌 卌 ///	卌卌 卌 卌卌 ///	卌卌 卌卌	112	
異物	//	///	///	//		10	
欠け				卌		5	
にじみ	/	//	/	///	//	9	
その他	//	//	///	///	//	12	
合計	31	33	34	60	29	187	コメント：········ ·········
特記事項				····			

図 5.10 チェックシート

(2) グラフ

広く使われている折れ線グラフや棒グラフ，円グラフや帯グラフなどの各種グラフ．数値データの視覚化のための基本ツールとして，QC7つ道具の1つにあげられている．

(3)　パレート図

　項目を層別 (区分) し，出現頻度や件数の大きい順に並べ，さらにそれらの累積比率を示した図 (図5.11)．たとえば「不良が多い」という問題があるとき，「キズ，ゆがみ，われ…」など不良内容を層別し，数の大きい順に並べる．上位2〜3項目で全体の大半を占めるような場合が多く，優先的取り組み対象が明らかになる．品質管理の考え方の「重点指向」を実践するための手法である．

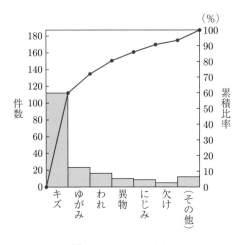

図5.11　パレート図

(4)　ヒストグラム (2.1節も参照)

　測定データの中心とばらつきを，視覚的に表すための手法．管理された状態で生産された製品のデータは一般的に正規分布を示すが，ヒストグラムを作成することで，釣鐘型の正規分布の形を視覚的に確認することもできる．

(5)　管理図

　工程が安定しておりこのままの状態を続ければよいか，安定状態になく，原因を調べて処置をとる必要がある状態かどうかを，統計的に判断するための手法．折れ線グラフと，通常状態の工程下でのばらつきの範囲の限界を標準偏差の3倍に設定した「管理限界」(UCL, LCL) とからなる．管理図の中にはいくつかの種類があるが，代表的な管理図は，計量値を扱う $\bar{X}$-R 管理図である (図5.12)．

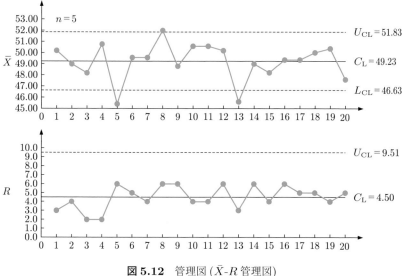

図 5.12 管理図 ($\bar{X}$-R 管理図)

(6)　散布図 (2.2 節も参照)

2 つの特性の関係性を調べるための手法. グラフの縦軸, 横軸にそれぞれの特性を設定し, そこに個々のデータを打点していった図. グラフ上の点の集まり方や傾きを見て, 2 つの特性に関係 (相関) があるかどうかを見る.

(7)　特性要因図

ある特性 (結果) に対して影響を与える要因は多数あると考えられるが, それらをもれなく整理して視覚的 (魚の骨に似た形になる) に表す作図手法 (図 5.13). 特性 (結果) と要因の関係の全体像がわかりやすく, それらの要因の中のどこに原因があり, どこから対策すればよいかを検討しやすくなる. 関係者が集まり, 各人の知見や考え方を盛り込んでいくというやり方をすると, 多くの人の知見を集め集約することができる.

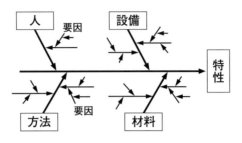

図 5.13　特性要因図

5.3.6　データ活用のための手法：言語データの活用手法

　言葉や文字情報を整理し視覚化する方法として，**新 QC 7 つ道具**がある．漠然とした状況や認識のままでいるのではなく，カードに書き出す，並べ替える，集約する，関係づける，階層化するなどを行うことで，情報や知見を加工することができ，状況の整理，新たな着眼点の獲得や発見，発想を得ることが可能となる (図 5.14)．

　新 QC 7 つ道具は，言語情報や考えなどを作図的に加工し，整理・検討していく方法である．以下，その中の親和図法，連関図法，系統図法の 3 つについて概要を示す．なおこれらの中でマトリクスデータ解析法は，数値データを扱うが，手法開発の経緯上，新 QC 7 つ道具の中の 1 つとして組み込まれている．

整理・視覚化『新 QC7 つ道具（N7）』
① **親和図法** ② **連関図法** ③ **系統図法**
④ **マトリクス図法** ⑤ **アローダイアグラム**
⑥ **PDPC 法** ⑦ **マトリクスデータ解析法**(数値データ)

状況認識や問題解決を支援する知見を得る
・数値化されていない情報の中から知見を抽出する
・数値データ化するための着目点を獲得する

図 5.14　言語データの活用手法 (新 QC 7 つ道具)

(1) 親和図法

　ブレーンストーミングにより自由に出された意見の整理や，混沌とした状況を整理していく場合に，内容の親和性 (共通性・類似性・関係性) からグルーピング (カード寄せ) しながらまとめていく方法．カードに書き出した各種意見を何枚かグルーピングしたあと，グループの内容を示すカード (親和カード) を作成しながらまとめていく．起源は，川喜田二郎氏の KJ 法である (図 5.15).

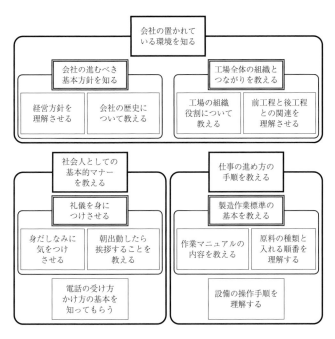

図 5.15　親和図法 (事例：部分抜粋)

(2) 連関図法

　取り上げた問題について，その問題と要因の関係を作図的につなげていくことで，複雑に絡みあった関係性を整理し，原因追及していくための手法．まず取り上げた問題を中心に書き，その周りに直接的に関係すると考えられる要因 (1 次要因) を書く．次にその 1 次要因を生み出した要因 (2 次要因) というように矢線でつなぎながら書き出していき，関係性を明らかにしていく (図 5.16).

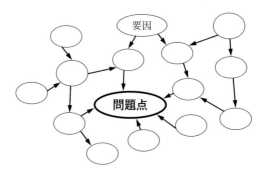

図 5.16　連関図法

(3)　系統図法

　達成すべき目標に対する方策や，問題に対する考えられる原因を多階層的に表すことで，もれ・重複なく，考えられる方策や原因候補の全体像を明らかにしていく方法．作成していくと 1 次展開，2 次展開というように階層的に広がっていく系統樹，ツリー構造の検討手法である (図 5.17).

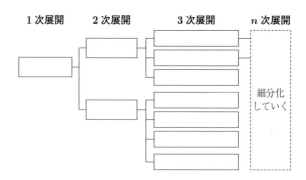

図 5.17　系統図法

5.3.7　今後の課題とデータサイエンス

　これからの産業を考えると，社会の進化・多様化，製品の高度化・複雑化，グローバルな産業構造の枠組み変化が進むなかで，たとえば以下に示すような，より高度で完成度の高い品質管理，ものづくりが求められるようになると考えられる.

- 潜在ニーズを超えた着想の新製品開発
- ばらつきの極小化，無欠点，全数品質保証
- 官能的品質の評価・管理技術の開発，製品・サービスへの反映
- 実故障，実経年データに基づく信頼性予測技術の開発，高度化
- AI (人工知能) による熟練技能，管理技術の習得，業務変革
- トラブルフリー，高生産性生産プロセスの追及
- ネット連結による複数工場・生産ユニットの同時一元管理，最適化

　現代の品質管理の基盤は，統計的品質管理 (SQC) である．我が国は SQC を活用して優れた品質を実現してきたが，複雑で飛躍的な変化の中では，格段に精緻な管理や方向性を見出していくための取り組みが必須となってきている．

　そのためには，市場や産業活動の中に存在する膨大なデータ・情報を利用して得た情報・知見に基づく，的確な取り組みが重要である．データサイエンスが担うべき役割であり，我が国が得意とする品質管理の高度化において，データサイエンスの見方・考え方・手法の活用と貢献が期待される．

5.4　画像処理

　ここまで本書では，主として CSV ファイルなどのように情報が数値化され表として表現されたデータ (**構造化データ**) を扱ってきた．しかし，データサイエンスが分析対象とするデータは構造化データだけではなく，PDF や画像・音声など，それ以外の形式で表現されるデータ (**非構造化データ**) も扱う．本節では，非構造化データの代表例として，画像を用いたデータサイエンスの応用事例をとりあげる．画像について理解するために，まずカメラによって撮影されるデジタル画像がどのように構成されているのかを解説する．次に，**画像処理**で実現される応用例を紹介する．

5.4.1　人間の目と機械の目

　近年，機械の目であるデジタルカメラによって撮影された画像や映像を処理・解析する画像処理・**画像解析**によってさまざまな応用が実現されているが，そもそも**デジタル画像**とは何であろうか．これを知るために，ここではまず人間の視

覚について紹介する．図5.18 に示すように，人間は目を通して世界を見ている．目の中には網膜とよばれる神経組織があり，この神経組織が赤・緑・青の光の強さに反応して光の量を測り，視神経を通して光の量を脳に伝達している．このとき，光は水晶体とよばれるレンズを通過して目の奥の網膜に届いているため，レンズによって写される像は，物理的には上下左右に反転した鏡像となっている．

　一方，一般的なデジタルカメラも，やはり人間の目と同じようにレンズを使った仕組みで世界をとらえている．図5.19 に示すように，デジタルカメラにおいては，目の網膜の代わり **CCD** や **CMOS** とよばれる，平面上に規則正しく並べられたセンサの集まりによって光の量が計測される．このセンサを**受光素子**とよび，これら個々の受光素子がレンズによって集められた光の量を計測し，コンピュータに画像を伝送することで機械の目の機能を実現している．

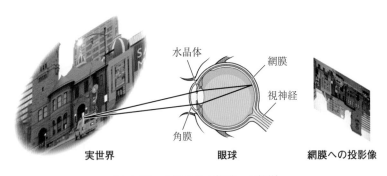

図 5.18　人間の目：網膜への投影

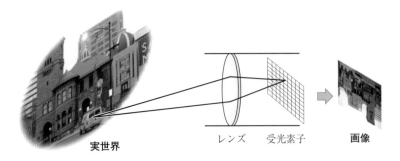

図 5.19　機械の目：受光素子への投影

5.4.2　画素

　一つひとつの受光素子から集められた明るさの情報は，コンピュータの内部に画像データとして保存される．図 5.20 に，デジタル画像の一部を拡大したものを示す．この図のように，デジタル画像は規則的に並んだ**画素**とよばれる色のついたタイルの集合で構成されており，デジタルカメラの 1 つの受光素子で観測された情報は 1 つの画素の情報として保存されている．カメラの受光素子の数が少ない場合，画像を表現するために利用できる画素の数が少なくなるため，同図右の拡大図のように撮影対象の形がつぶれてしまい，細かな形状を見分けることはできない．一方，同図左の拡大図のように受光素子が多い場合には，画像を表現する画素の数が増えるため，物体のより詳細な形を知ることができる．このような画像を構成する画素の数を**解像度**とよび，解像度が高いほどシーンの様子を詳細に見分けることができる．

　　　　画素が多い＝解像度が高い　　　画素が少ない＝解像度が低い

図 5.20　画素と解像度

5.4.3　色表現

　受光素子は光の量を測るセンサであり，そのままでは色を見分けることができない．このため，一般的なデジタルカメラには，図 5.21 に示すような，赤・緑・青 (以下，**RGB**) の色がついた**カラーフィルタ**が受光素子の前に配置されている．光はこのカラーフィルタを通過して受光素子に届くため，受光素子は場所によって RGB いずれかの受光量を計測することとなる．この方式で得られる画像は同図中に示すようなモザイク状の画像となるが，いったんこの画像

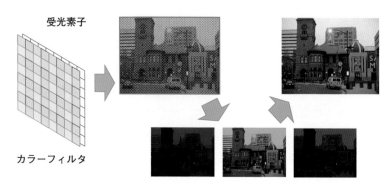

図 5.21　カラー画像の撮影

から RGB に対応する画素の情報を抜き出し画素の値を補間した後に，各画素
の色を合成することで**カラー画像**をつくることができる．

　ではここで，色を合成するとはどういうことであろうか．人間の目の中の細
胞は，RGB それぞれの光の量を測る細胞に分かれており，人間はこれらの細胞
が受け取った RGB の明るさの比率によって色を知覚している．したがって，人
間が感じ取ることができる色は基本的にはこれら光の三原色である RGB を混
合したものとなる．上述した処理によって，各画素はこれら 3 色の明るさの情
報をもっているため，単に RGB の明るさを混ぜ合わせて再現することで，人
間が知覚可能な大半の色を表現することができる．

5.4.4　画像データの表現

　デジタル画像は，図 5.22 のように画素の明るさを数値として並べた配列とし
てコンピュータに保存されている．前項で述べたように，各画素は RGB の 3 つ
の明るさをもつので，これらを順番に並べて保存したものが色情報付きの画像
データとなる．画像処理においては，これらの画素に格納された明るさの情報
を解析することでさまざまな応用を実現できる．たとえば，明るさや色が急激
に変化する場所は物体の輪郭ではないかと推測することができる．

1 画素分の情報

25	25	30	29	85	5	----	5
29	25	25	29	88	5	----	5
25	25	25	30	29	3	----	5
3	25	30	25	25	25	----	85
⋮	⋮	⋮	⋮	⋮	⋮	⋱	
5	3	5	5	29	25		88

図 5.22 画像のデータ配列

5.4.5 人間の視覚・認識機能の模倣とその応用

図 5.23 に示すように，デジタル画像は人間の視覚と似通った仕組みによって撮影されるため，カメラとコンピュータを使うことによって，人間と同じような仕組みでさまざまなことを実現できると考えられている．このような，画像の解析によってコンピュータにさまざまな機能を実現させる技術を**コンピュータビジョン**とよぶ．コンピュータビジョンの研究分野においては，人間が脳で認識処理を行う過程をまねた人工知能に関する研究が進歩したことで，コンピュータがさまざまな物体を見分けるための画像認識の性能が著しく向上している．またこのような脳をまねた人工知能だけでなく，特定の処理に特化して開発されたアルゴリズムを用いることで，人間を超える性能を発揮する画像処理技術も数多く研究され実用化されている．

このようなコンピュータビジョンの利点は，個別の専用センサを用いることなく，さまざまな場所で容易に撮影可能な画像から多様な情報を抽出できるこ

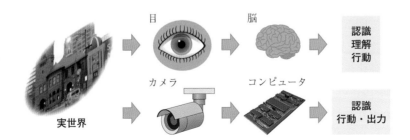

図 5.23 人間の視覚システムとコンピュータによる画像認識

とにある. たとえば, 画像からは以下のような情報が抽出できる.

- 人間の位置, 動き, 視線, 人数, 年齢, 表情, 感情
- 物体の位置, 形, 動き, 数, 物体カテゴリ, 質感
- シーンの撮影場所, 形状, 照明条件, 天候

この他にも, 人間が認識できる情報の多くは画像からも取り出せると考えられている. また, このようにして取り出された情報を使えば, 以下に示すようなさまざまな機能を実現できる.

- 指紋認識, 顔認識, 人数計測
- 測量, 計測, 景観シミュレーション
- 自動運転, 安全運転支援
- 医用画像診断, 生活支援, 見守り, 介護

なお, すでにコンピュータビジョンによる人間の視覚認識機能の部分的な再現が実現されているが, 人間による理解の仕組みは未だ再現されておらず, 認識結果を用いた実応用にはこれまでのような「人」によるアルゴリズム開発も不可欠である.

5.4.6 データサイエンスと画像処理技術

現在, スマートフォン, ドライブレコーダー, 防犯カメラなど, 多くの場所にカメラが設置されている. このようなカメラ機器を使えば, 膨大な量の画像や映像を容易に収集することが可能となる. また, 一般ユーザによって撮影された画像群は日々インターネット上に共有されており, 巨大な画像データベースが構築されつつある. これら日々蓄積される大量のデータは**ビッグデータ**とよばれ, ビッグデータの解析によってさまざまなことが実現できる.

ここで図 5.24 に示すように, 画像・映像のビッグデータを分析するためには, 画像・映像を処理し情報を抽出する画像解析が必要となる. 次に, 抽出された情報は数値化され, 分析することが可能となるが, 分析結果をわかりやすく活用する場面においても画像処理は有用である. たとえば, 画像・映像を使って分析結果をわかりやすく見える化する**画像合成**の技術を活用することで, 専門家でない一般ユーザにも活用・提供可能なデータ分析システムを構築することができる.

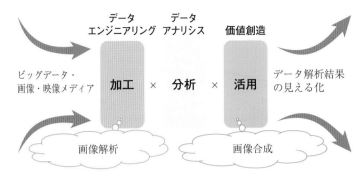

図 5.24 データサイエンスにおける画像処理技術の活用

5.4.7 画像解析の難しさ

図 5.19 に示したように，画像はレンズを通して 3 次元の世界を撮影したものであるが，画像の撮影においては 3 次元世界が 2 次元世界に変換されている．この撮影プロセスで失われているのは，カメラから物体までの距離に相当する 1 次元分の情報である．ここで，なんの前提もなしに画像 1 枚から撮影された物までの距離を測ることはできないので，1 次元分の失われた情報を 1 枚の画像から取り戻すことは本質的に困難であるといえる．

5.4.8 三角測量とステレオ法

人間は，特定の条件や事前知識があれば見ている物までの距離を推測することができる．これと同様に，特定の条件下において画像解析で物体までの距離を推定することは可能である．ここではその一例として，**三角測量**について説明する．三角測量は，図 5.25 に示すように，測りたいものを 2 つの違う位置から見たときにできる三角形を使って，物体までの距離を計算する測量方法である．人間の目も，左右の目を使って三角測量と同じ考え方で見ているものまでの距離を推測することができる．

この三角測量を画像解析に応用することで，各画素に撮像された物体までの距離を推定することができる．図 5.26 左に示すように，いま位置関係が既知の 2 台のカメラによって同一の物体が撮影されているとする．ここで，三角測量を使って距離を推定するためには，2 枚の画像上で同一の物体が撮像された画素を

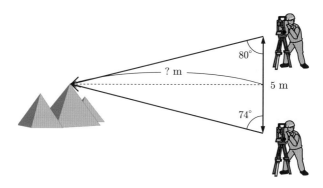

図 5.25　三角測量による距離の計測

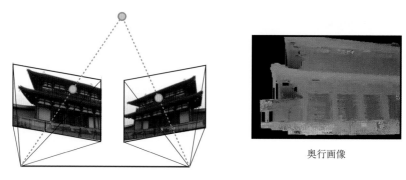

奥行画像

図 5.26　2枚の画像を対象としたステレオ法による奥行画像の推定

対応づける必要がある．このような一方の画像上の画素に対応するもう一方の画像上の画素を**対応点**とよぶ．もし画像上の多くの画素に対して対応点を見つけることができれば，カメラと撮影されている物の距離を表す**奥行画像** (図 5.26 右) を作ることができる．このような画像上の対応点を用いた三角測量による奥行画像の推定手法は**ステレオ法**とよばれている．

5.4.9　動画像からの3次元復元

移動しながら撮影した動画像や画像群を解析することで3次元情報を復元する手法は，**Structure from Motion 法**とよばれている．図 5.27 に示すように，Structure from Motion 法では入力された動画像中の**特徴点** (図中×印) を抽出し，その動きを解析することでカメラの動きと特徴点の3次元位置 (同図右) を同

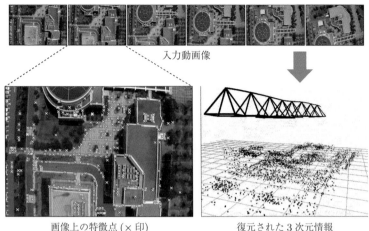

入力動画像

画像上の特徴点 (× 印)　　　　　復元された 3 次元情報

図 5.27　動き情報からの 3 次元構造復元の例

時に推定している．この方法を用いれば，映像のみからカメラの動きを知ることが
できるため，ロボットナビゲーションや自動運転分野への応用がはじまっている．
　動画像解析によってカメラの動きがわかれば，ステレオ法を使って奥行画像
を生成できる．図 5.28 の例では，建物を周囲から撮影することでまずカメラの
動きを調べ (同図左下)，ステレオ法によって入力画像に対応する奥行画像を動
画像として推定している (同図右上)．このようにして得られた奥行動画像を仮

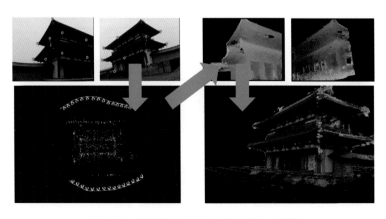

図 5.28　動画像からの 3 次元モデルの構築

想空間内に 3 次元的に統合することで，撮影された建物を 3 次元モデルとして仮想世界に再現することができる (同図右下).

5.4.10　自由視点画像生成

　画像解析によって得られた 3 次元情報を活用した応用例として，**自由視点画像生成**について紹介する．自由視点画像生成とは，もともとは撮影していない任意の視点からの映像を合成して作り出す方法であり，作り出される画像を自由視点画像とよぶ．自由視点画像を生成するためには，一般にシーンを撮影した画像群と撮影時のカメラの位置・姿勢の情報が必要となるが，カメラ位置・姿勢の推定には Structure from Motion 法を利用することができる．図 5.29 は，本来は直線的な移動経路で撮影された映像から，楕円状の移動経路を移動する仮想視点の映像を合成した例である．この技術を用いれば，たとえば遠隔地のロボットの操縦をする際に，本来カメラが設置されていないロボット周辺の自由な視点からの操縦が可能となる．これによって周囲の障害物を見つけたり，避けたりすることが容易となる．また自由視点画像生成は，バーチャルリアリティの分野において，実世界を仮想空間内に写実的に再現するためにも利用されている．

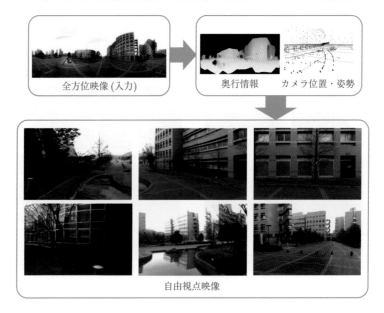

図 5.29　自由視点画像の生成例

5.4.11 データの欠損補完とその応用

画像データの収集時においては，カメラから死角となる領域や，他の物体に遮蔽されて撮影対象がすべて観測できない場合がある．このような場合においても，**画像修復**とよばれる手法を用いることで，本来は観測できなかった箇所の画像情報を高品位に合成・補完することが可能である．図 5.30 の例では，映像中の運動物体である人を自動的に消去し背景画像を合成することで，ストリートビュー画像のプライバシー問題を解消している．また本来撮影できないパノラマ画像上の死角部分 (同図 (a) 下部) が画像修復によって補完され，死角のない全方位パノラマ画像が合成されている (同図 (b))．

(a) 入力映像の 1 フレーム　　　　　　　(b) 画像処理結果

図 5.30　移動物体の自動消去とデータ欠損の修復例

5.5　音声処理

5.5.1　音声データの活用

人の暮らしの中には音声が溢れている．人は，他の人と会話をし，ドアが閉まる音で振り向き，音楽を聴き，炊飯器のお知らせの電子音に気づく．鳥のさえずりを聞き分け，激しい波や風の音に反応し，電話の向こうの相手のちょっとした感情の変化まで感じとる．このように，長い年月をかけて人間は音への鋭敏な感覚を養ってきた．すなわち，音声データには多くの情報が含まれていて，それを上手に処理することが人間の生存に不可欠だったのである．

現代の IT 技術においても，音声に含まれる潤沢な情報を上手に取り出すための分析・認識の技術が重要である．音声データの利用が進んでいる技術として表 5.3 のものがあげられる．

表5.3　さまざまな音声データの利用技術

音声処理技術	使われ方の例
音声認識	発声で機械に命令したり，メールを書いたりする
話者認識	誰が話しているかを識別する
声紋認証	持ち主の声でパソコンやスマートフォンにログインする
感情認識	怒っている声，楽しい声といった判定をする
環境音認識	ガラスが割れる音など，音のイベントを検知する
音声合成	スマートフォンがテキストを自然な音声で読み上げる
騒音調査	飛行場や工場で，騒音のレベルや性質を調べる
探知・測距	魚群探知機，車載コーナーセンサー
音楽情報処理	自動採譜，楽器音分離，楽曲名推定，自動作曲

5.5.2　音声データの特徴

　音声データは，そのままでは空気中を伝わる圧力の細かい変動を記録したものにすぎないので，一つひとつの数値を単独で眺めていても，何も意味が見えてこない．これが，他の一般的な統計データと異なるところである．そのため後述するように，周波数スペクトルのデータに変換したり，メルフィルターをかけたり，正規化を施したり，前後の時間で差分をとったりすることで，生データに隠れた意味を取り出しやすくすることが必要となる．

　また，もう1つの特徴として，音声データの再現性の低さがあげられる．言い換えれば，計測するたびに値がばらつくということである．たとえばガラスが割れる音を収録したとして，同じような実験条件でも割れる音の波形は毎回異なる．人に「あ」という発声をお願いしたとしても，発声者とマイクの距離によって音声は変形してしまう．また，付近の物音といった雑音も毎回違った形で混入してきてしまう．さらには，発声者の性別，年齢によっても「あ」の音声は異なるし，「あ」の直前直後に別の音をつなげて発声した場合にも，音は変形する．音声認識や環境音認識を行う場合には，こういったばらつきに影響を受けにくいモデリングが求められる．

　さらに，環境音や人の発声を認識する際に，やっかいな問題となってくるのが，時間方向の伸び縮みである．たとえば，「おつり」と短く発声したとしても「おーつーりー」と長く発声したとしても，認識結果は同じ「おつり」になるこ

とが求められる．これが，テキストデータや静止画像データとは異なる側面である．

5.5.3 音声データの保存形式

　音声データは，マイクロフォンで収録される時には空気の圧力を電気信号に変えたアナログ信号である．パソコンやスマートフォンには A/D 変換器が内蔵，あるいは外付け機器として用意されていて，音声のアナログ信号はデジタル信号に変換される．

　図 5.31 では，音声のアナログデータを実線で示し，時間方向に細かく分割したときに対応する振幅を丸印で示している．時間に沿って多数の振幅値，すなわちデジタルデータが得られるわけである．

　この振幅の採取は極めて速いサイクルで行われる．たとえば，**サンプリング周波数**が 16000 Hz であれば，1 秒間に振幅のデジタルデータが 1 万 6 千個得られる．このように音声データは短時間であっても大量のデータとなる．

　図 5.31 では，縦軸の振幅は，真ん中をゼロ，上方向にプラス，下方向にマイナスの値をとる整数値として表現されている．その整数の上限と下限については，2 バイトで表現できるという利便性から，16 ビットの符号付整数値を使うことが多い．その場合，上限の値は +32767，下限の値は −32768 となる．

　これらのデータを時間方向に並べて保存したものを，**パルス符号変調データ**（**PCM データ**）とよぶ．左音声・右音声の両方があるステレオデータの場合には，それらを交互に並べる．ただ，PCM データだけであると，何ビットのデー

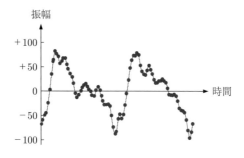

図 5.31　音声の振幅データ

タなのか，サンプリング周波数はいくつなのか，あるいはステレオデータなのか
ということが，データを受け取った人にはわからないので，その情報を先頭に付
加した **wav 形式**のファイルとして保存することが，よく行われる．また，音声
データの性質上，ファイルのサイズがとても大きくなりがちであるので，デー
タを圧縮した **mp3 形式**のデータとして保存することも，よく行われる．

5.5.4　音声データのスペクトル表現

　前項で説明した PCM データをそのまま眺めていても，意味のある性質はな
かなか見えてこない．1 秒間に振動する波の数を周波数とよぶが，音声データは
複数の周波数の音波によって構成されている．そこで PCM データを周波数ご
との成分 (**周波数スペクトル**) に分解する．その結果は図 5.32 に示すような**スペ
クトログラム**として表示することができる．

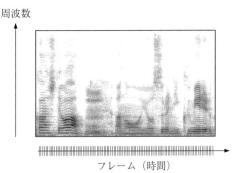

図 5.32　スペクトログラム

　スペクトログラムは，横軸に時間，縦軸に周波数をとり，色の濃い部分には
大きな音声パワーがあり，色の薄い部分には小さな音声パワーがあるというこ
とを表したものである．人の声を対象にした場合には「声紋」として知られて
いて，人の声の特徴が表れやすいことから，犯罪捜査に使われた例もある．
　PCM データは図 5.33 に示す処理により変換される．
　最初に行う処理は，時間軸方向に PCM データを区切ることである．たとえ
ば 1 秒間に 100 回といった単位で，データを区切る．この単位を**フレーム**とよ
ぶ．フレームごとのデータの切り出しは，ぶつ切りではなく，図 5.34 の点線で

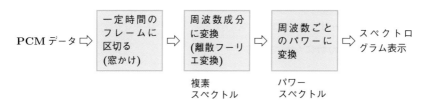

図 5.33　PCM データの処理

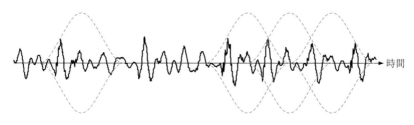

図 5.34　PCM データの窓掛け操作

示すような**窓掛け**操作により行う.

　窓掛けにおいては，この窓の高さが，PCM データの振幅に掛け算されて切り出される. すなわち，窓の中央付近は，そのフレームの主要なデータとして大きめに切り出され，窓の端付近は小さめに切り出されるということになる. この窓の幅はフレームの幅よりも大きいので，次のフレームでの窓は前のフレームでの窓と裾野を重ねる形で設定される.

　窓掛けにより切り出された PCM データは，「**離散フーリエ変換**」により，周波数スペクトルに変換される. 離散フーリエ変換の出力は三角関数の sin 成分と cos 成分があるので，複素スペクトルとして定義されるが，コンピュータ上では虚数を意識する必要はなく，単純に周波数ごとに 2 つの成分が出力される. 次にこの 2 つの成分のそれぞれの 2 乗を合計する. これを**パワースペクトル**とよぶ. さらに，周波数ごと，フレームごとに濃度でグラフ表示することでスペクトログラムを得る.

　ここで「周波数ごと」という表現を使ったが，周波数方向の解像度は，たとえば 256 である. すなわち，サンプリング周波数が音声処理によく使われる 16,000 Hz のとき，その半分の 8000 Hz を 256 で割った 31.25 Hz の幅で，スペ

クトログラムの縦軸が分割されているということになる．この周波数方向の解像度は，離散フーリエ変換のサイズで決まるので，高速化のために 256 とか 128 とか 2 のべき乗の数になっていることが多い．

5.5.5　調波構造とスペクトル包絡

人の発声のスペクトログラムに見られる特徴として興味深いのは，周波数方向の解像度を上げて観察すると，図 5.35 のように周波数方向に規則的な縞が見られるということである．これを**調波構造**とよぶ．

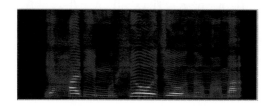

縞の間隔が広い
→ 高い声

縞の間隔が狭い
→ 低い声

図 5.35　スペクトログラムに見られる調波構造

調波構造は，人の母音の発声に，楽器のドレミファソラシドと同じように，音の高さがあるために生成される．母音の場合，音声のパワーは**基本周波数**とその整数倍の倍音に集中しているので，音の高さ，すなわち基本周波数が高い発声ほど，倍音までの間隔が広くなる (= 縞の間隔が広くなる) というわけである．

ところで，音声認識においては，多くの言語で，この調波構造をわざと落とすことが行われる．これは，高い声で発声した「あ」も，低い声で発声した「あ」も，同じ「あ」として扱いたいからと考えればわかりやすいだろう．そのため，フィルタバンクという縞々の構造を落とすフィルタを用い，スペクトルの外形だけを取り出す操作を行う．このスペクトルの外形のことを**スペクトル包絡**とよぶ．

フィルタバンクの処理を図 5.36 に示す．個々のフィルタは，それぞれの三角形で表現される重みを有しており，複数の周波数帯域のパワー (またはその平方根) にその重みを乗じて合算した値をそのフィルタの出力とする．この操作により，たとえば 256 次元のベクトルであったパワースペクトルが，24 次元といった低次元のベクトルに変換される．

重みを表す三角形は，高い周波数の領域 (図では上方) では底辺が広く，低い

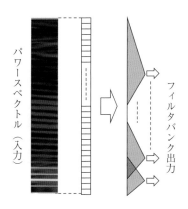

図 5.36 フィルタバンク処理

周波数の領域では狭くなっている。この間隔を人間の聴覚特性に合わせたものを**メルフィルタバンク**とよぶ。また、その出力は、対数をとって変化の範囲を圧縮した方が、扱いやすいスペクトル包絡となる。これを**対数メルスペクトル**とよび、音声認識モデルへの入力 (特徴量) として標準的に用いられている。以前は対数メルスペクトルをさらに離散コサイン変換して 13 次元程度の**メルケプストラム**にすることもよく行われたが、ニューラルネットワークによるモデリングが主流になってからは、ほとんど使われなくなった。

5.5.6 収録環境による音声ひずみの補正

人の発声などの音声データを収録する際には、図 5.37 に示すようにさまざまな変形がなされてしまう。わかりやすい例としては、周囲の環境からやってくる雑音があげられる。これは対象とする音声データに足し算されて収録されるので、**加法性**の音声ひずみとよばれる。一方で、音源からマイクまで音が到達するまでに高音域が減衰したり、マイクロフォンやアンプ (増幅器) の特性によって特定の帯域の音声が強調されたり減衰されたりすることがある。この変形はややイメージしにくいが、かけ算型の変形となっている。たとえば、アンプの設定で 2 倍の増幅をかけた場合には、収録される音声データは、最初から最後まで、2 倍の値をもつようになると考えられる。これを**乗法性**の音声ひずみとよぶ。

これらのひずみを除去するには、他の一般的な統計データの正規化の手法と

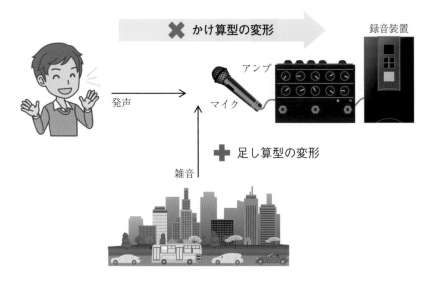

図 5.37　収録音声の変形

　同じように，平均を引き算するということを行えばよい．それを加法性ひずみと乗法性ひずみの両方について順番に行うということになる．

　加法性ひずみを除去するには，雑音パワーの平均値を観測値のパワースペクトルから減算することがよく行われる．この手法をスペクトルサブトラクションとよぶ．発話者が話していない区間を見出して，そこでパワースペクトルの時間方向の平均値を取得する．減算は周波数帯域ごとに行うということがポイントである．乗法性ひずみを除去するには，やはり平均値を減算すればよい．ただし，それを観測値の対数をとってから行うことがポイントである．さきほどの例で，データの値がすべて 2 倍となっているケースを考えよう．対数をとった後のデータは $\log 2$ の値がすべてのサンプルに加算されているように見える．そこで，全サンプルの平均値を算出して，それを減算する．補正後のデータの平均はゼロとなるのと同時に $\log 2$ の値は消えるわけである．ちょうど前項で対数メルスペクトルを紹介したので，それを対象として処理をすればよい．発話者が話している区間を見出して，そこで対数メルスペクトルの時間方向の平均値を取得し，それを周波数帯域ごとに，観測値の対数メルスペクトルから減算する．

　以上見てきたように，同じ音声を収録しても，収録する環境・条件によって音声データは変形するので，スペクトル包絡を分析する際には，上記のような補正を事前に施すことが重要である．

5.5.7 音声データの分析

　人の発声には音素ごとに特徴的なスペクトル包絡の形がある．図 5.38 は「サピ」（ /s/ /a/ /p/ /i/ ）という発声のスペクトル包絡である．縦軸は 24 段あるが，それぞれがメルフィルタバンクの出力に対応する．横軸はフレーム単位の時間である．

　「あ」，「い」，「う」，「え」，「お」といった母音では，おおむね 3500 Hz 以下の帯域に 2 つのパワーのピークがあり，それを周波数の低い方から第 1 **フォルマント**，第 2 フォルマントとよんでいる．個人差はあるものの，これらフォルマントの周波数軸上での位置は母音ごとにだいたい決まっていて，それは高い声で発声しても，低い声で発声しても，同じ母音であれば変わらない．図のように /a/ の母音と /i/ の母音では，フォルマントの周波数軸上での位置が全く異なっていることがわかる．

　一方で子音ではフォルマントは観察されない．子音の特徴は，比較的高い周波数帯域に，あるいは時間的な変化として表れる．/s/ の音は息が擦れる音であるが，図のように高い周波数にパワーが集中していることがわかる．また，/p/ の音は短い無音の後に息が破裂的に出る音なので，パワーが時間方向に急激に

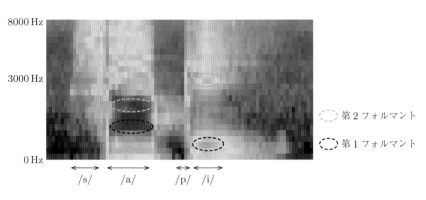

図 5.38　フィルタバンク処理後のスペクトログラム

増大する様子が観察される．以上のように，スペクトル包絡，すなわちスペクトルの外形を見れば，それが何の音に対応しそうかということが，だいだいわかる．これらの手法を用いることで発生している音の情報を抽出することができ，それを用いてさらなる分析・応用へつなげていくこととなる．

5.6　医学

「**根拠・証拠に基づく医療** (英語で Evidence Based Medicine を略して EBM とよばれることが多い)」の必要性が認識されはじめたのは，比較的最近のことである．これは意外に思われるかもしれないが，これまでの医療は試行錯誤に基づいた，かならずしも強い根拠のない経験則に依存してきた側面がある．「根拠・証拠に基づく医療」は医療に関連した事柄をデータ化し，それらの統計的解析から適切な治療を選択する「データの統計解析に基づく医療」を目指している．またその背景として，近年急速に発展した生物学，とくに分子生物学の知識を応用する「生物学・分子生物学に基づく医療」も重要になってきている．

5.6.1　データの統計解析に基づく医療

データの統計解析に基づく医療の代表例は，新薬の治験である．新しく開発された治療薬を実際に処方する前には，段階を追って試験的に被験者に投与し，効果を統計的に検証することが求められる．

新薬の治験ではまず安全性の確認のために，少数の健常者を被験者として段階的に新薬を投与し，毒性の有無の試験と適切な投与量の調査が行われる (第1相試験)．次に，少数の患者を被験者として，同様に有効性と安全性を試験する (第2相試験)．最後の第3相試験では，より多くの患者に投与することで本格的な試験を行う．このとき被験者は2群に分けられ，一方には治験薬が，他方には効果のない偽薬 (ぎやく) が，それぞれ被験者にはどちらが処方されているか伏せられた状態で処方される．これは効果のない薬でも，ある程度の割合の患者が快方に向かうプラセボ効果 (偽薬効果) が知られているからである．通常この試験は，薬を投与する医師自身も，自分の処方する薬が新薬であるか偽薬であるかを知らされない状況下で行われる (**二重盲検試験**)．これは医師の態度

が患者に影響を与えることを避けるためである.

　つまりある新薬によって疾患 (病気) が治る場合があったというだけでは, 有効とはみなされない. 新薬によって治癒した患者の割合が, 偽薬によって治癒した患者の割合を上回っていること, および, その上回った割合が偶然とは考え難い値 (統計的に有意な値) に達していることを示すことが求められる. また, すでに類似した効果を示す薬が承認されている場合は, 偽薬のかわりに既存薬をつかって第3相試験が行われる場合もある. この場合は同様な試験方法で, 新薬が既存薬を上回る効果をもつことを示すことが求められる.

　さらに近年では, 観察研究ではあるが, 体温・血圧・血糖値などや, 後で述べる遺伝子まで, 患者の状態をコンピュータで扱える電子カルテとよばれるデータとして記録し, それらを統計的に処理することで治療の効果を測定し, 以降の治療計画を立てることが一般的になりつつある. これも基本的な考え方は新薬の治験と類似している. たとえばある疾患の患者を喫煙履歴のあるなしで2群に分け, その後の経過を記録することで, いずれかの群の予後が統計的に有意に悪ければ, 喫煙が予後に影響を与えると考えられる.

　あるいは逆に, 予後の悪かった患者とそうでなかった患者を2群に分け, 過去にある検査や治療を受けていたかどうかを比較し, その検査や治療を受けていた群の予後が有意に良好であれば, その疾患の患者には必ずそれを施すように医療計画を改善することができる. この方法は結果から遡って原因を探求するので, **後ろ向き解析**とよばれる. このような後ろ向き解析は, 患者のさまざまなデータを自動的に収集できる生体データ測定技術と, それによる大量データ (ビッグデータ) の蓄積を背景として特に活発になりつつある.

5.6.2　生物学・分子生物学に基づく医療

　現代生物学では, 人を含む生物の生命活動は, 生体を構成する分子と, それらの分子間で起こる化学反応の集合体であるとされる. 生物の姿かたちや行動は, 遺伝子によってある程度まで (すべてではないが) 決められている. 遺伝子の実体は**DNA** (デオキシリボ核酸) 分子であり, DNA分子の情報がタンパク質分子に翻訳され, タンパク質分子が細胞を構成し, 生体内の化学反応を調整

することで生命活動が維持される．このような生物の分子的な基盤は20世紀中頃から急速に解明が進み，その知識は次第に医療へ応用されてきた．

　たとえば，多くの疾患が**遺伝情報**の変異（すなわちDNA分子の損壊）に起因して起こることが理解されてきた．そのような疾患を合理的に治療するためには，どの遺伝子が疾患の原因であり，遺伝情報の変異がどのようなメカニズムで疾患を引き起こすかを解明することが近道である．未知の疾患遺伝子を探索するには，以下に解説するように，分子生物学と統計学の知識が両方必要とされる．

5.6.3　染色体上で遺伝子を探す

　ある生物がもつ遺伝子の1セットを**ゲノム**という．ゲノムの実体であるDNA分子は，A，T，G，Cの4種類の塩基とよばれる小分子が鎖状につながった巨大分子であり，塩基の並び方（AGTCCGGTTT···などのように表される）によって遺伝情報がコード（暗号化）されている（図5.39）．

　染色体は細胞分裂や生殖細胞を形成する過程で観察される，DNA分子とタンパク質分子の凝集体である．人は2セットのゲノムを1組でもち，すべての人は父親と母親からそれぞれ1つずつゲノムを受け継いでおり，父親と母親から受け継いだゲノムは，それぞれ相同染色体（2つ1組）の関係にある．父親と母親から子供に受け継がれる染色体が生成される過程では，相同染色体の間で染色体組換えが起こる．これは，それぞれの父母（すなわち子供から見た祖父母）からの遺伝子を混ぜ合わせることに相当する．

　染色体の中で特定の機能をもつ塩基の集まりを**遺伝子**，染色体上で遺伝子の存在する位置を**遺伝子座**とよぶ．また，同一の遺伝子座を占めることができる異なる遺伝子を，互いに対立遺伝子の関係にあるという．染色体組換えは新たな対立遺伝子の組み合わせを生み出す．たとえば，図5.40のA_1とA_2，またはB_1とB_2は対立遺伝子の関係にある．これらは基本的に同じ機能をもった遺伝子だが，機能の効率が異なっていたり，極端な場合には遺伝子が壊れて不活性化しているなどの違いがある．染色体組換えによって新しい遺伝子の組み合わせ（**遺伝子型**）がうまれ，身長，目の色，あるいは遺伝病などの性質（**表現型**）が

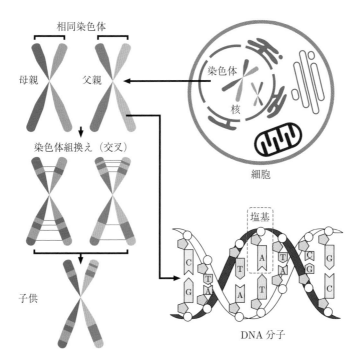

図 5.39 遺伝子と遺伝の基礎. (右) 遺伝子は細胞の核内にある DNA 分子に塩基 (A, T, G, C) の配列としてコードされている. 人では塩基配列は約 30 億文字あって, そのなかの連続した文字列が個々の遺伝子をコードしている. (左) 遺伝子が親から子へ伝わるとき, DNA 分子の凝集体である染色体の組換え (染色体交叉ともいう) により遺伝子が混ぜ合わされる.

発現する. したがって, すべての子供は両親とも祖父母とも異なる独自のゲノムをもっていて, このバリエーションがそれぞれのヒトの個性の源である.

　人は 2 万個以上の遺伝子をもち, それぞれの遺伝子座に少なくとも 2 つ以上の対立遺伝子が存在すると仮定すると, 可能なゲノムのバリエーションは $2^{20,000}$ をはるかに上回ることになる. また, 父母からのゲノム (相同染色体) の組み合わせを考えると, バリエーションはさらに増加する. これは (一卵性双生児などを例外とすると), これまで自分と同じゲノムをもった人は存在せず, また未来においても出現することはほぼありえないことを意味している.

　同一染色体上で近くにある遺伝子は, 染色体組換えがない場合は一緒にまと

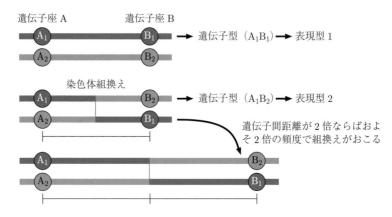

図 5.40 遺伝子座と遺伝子型．青とピンクで表した染色体間で遺伝子座 A と B の中間で染色体組換えが起こると，対立遺伝子の組み合わせ (遺伝子型) が変化し，異なる表現型が現れる．

まって遺伝する．これを**遺伝子連鎖**という．遺伝子間距離が遠くなれば，確率的により高い頻度で遺伝子間の組換えが起こるので，表現型の変化により検出される組換え率から，遺伝子連鎖の程度や遺伝子間の距離を推定できる．たとえば遺伝子間距離が 2 倍なら，おおよそ 2 倍の頻度で組換えが起こる (図 5.40)．この場合の遺伝子間距離は，遺伝子の間に存在する塩基の個数で数えられる．遺伝子が連鎖しているかどうか，あるいは連鎖している場合にどのくらい離れた位置にあるかを調べることを**連鎖解析**という．これは，未知の遺伝子の染色体上の位置を推定するために利用することができる．

　連鎖解析には，DNA マーカーとよばれる遺伝子座がすでにわかっている遺伝子が必要である (図 5.40 の例では遺伝子座 A を DNA マーカーとする)．DNA マーカーとの組換え率から，遺伝疾患に関連した未知の遺伝子の位置 (図 5.40 では遺伝子座 B) を，DNA マーカーを基準にして推定する．農作物や実験動物では，人為的に交配実験を行うことで組換え率を求めることができるが，人についてはそのような実験はできないので，通常は家族の遺伝型を調べる．この方法を**家系解析**という．

　図 5.41 は家系解析の例を示している．これは架空の家系で，丸は女性，四角は男性，赤で示した人は，原因遺伝子が不明な遺伝子疾患を発症しており，青は

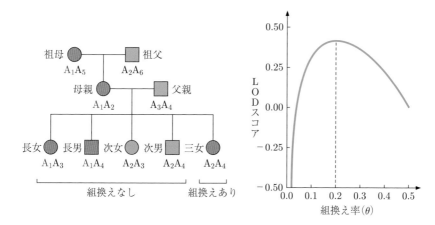

図 5.41 家系解析と LOD スコア. (左) 家系図とそれぞれのマーカー DNA となる対立遺伝子 (A_1〜A_6) の構成. それぞれの人は父母から受け継いだ対立遺伝子を 2 つもっている. (右) 左の家系解析から求められる LOD スコア.

発症していないとする. ここで, DNA マーカーである遺伝子座 A に着目して対立遺伝子の型 (A_1〜A_6) を調べると, 対立遺伝子 A_1 をもつと明らかに疾患になりやすいことに気づく. つまり遺伝子 A と疾患遺伝子は連鎖していると推定される. しかし同時に, 三女は A_1 をもたないのに発症していることもわかる. これは, 母親の対立遺伝子 A_2 をもつ (疾患関連遺伝子をもたない) 染色体で遺伝子座 A と疾患関連遺伝子の間で染色体組換えが起こり, 対立遺伝子 A_2 と疾患遺伝子が新たに組み合わされた染色体が三女に遺伝した結果であると推定される.

　これらのデータの解析から, 遺伝子連鎖の程度や遺伝子間の距離を求めることができる (以下, 少し進んだ内容なので必要に応じて本項の最終段落まで読みとばしてもよい). そのためのスコアの 1 つが次式で定義される LOD (ロッド) スコア $Z(\theta)$ である.

$$Z(\theta) = \log_{10} \frac{L(\theta)}{L(0.5)} \tag{5.10}$$

ここで $L(\theta)$ は組換え率 θ で観測データが得られる尤度である. $\log_{10} a$ は a の常用対数を表す. 尤度はある確率的現象が起きたとき, それが起きる未知の前提条件がどの程度もっともらしいかを評価する指標で, この場合は組換え率

θ で観察された回数の組換えが起こる確率と同じになる．また $L(0.5)$ は連鎖がない場合に得られる，組換え率の最大値 $(\theta = 0.5)$ の尤度である．

図 5.41 の家系図の例では，5 人の子供のうち三女だけで組換えが起こっているので，$L(\theta)$ は，組換え率 θ で 5 人のうち特定の 1 人で組換えが起こり，残り 4 人では起こらない確率 $\theta^1 \cdot (1 - \theta)^4$ になり，$L(0.5)$ は 0.5^5 で与えられる．式 (5.10) にこれらの値を当てはめると次式になる．

$$Z(\theta) = \log_{10} \frac{\theta^1 \cdot (1 - \theta)^4}{0.5^5} \tag{5.11}$$

LOD スコアの最大値が遺伝子座 A と疾患遺伝子の連鎖の確からしさを表し，そのときの θ が組換え率の推定値になる．図 5.41 右に示すように，この例では $Z(\theta)$ は $\theta = 0.2$ で最大になるので，未知の疾患関連遺伝子は遺伝子座 A から組換え率 0.2 に相当する位置に存在すると推定される．組換え率は遺伝子間の DNA の長さにおおよそ比例し，この場合は 20,000 塩基に相当する．これで未知の疾患遺伝子の位置がおおまかに特定されたことになる．

ただし，LOD スコアは通常 3 以上で統計的に有意な差があるとみなされる．この例の $Z(\theta)$ の最大値 0.4 弱では，遺伝子連鎖しているかどうかは断定が難しい．この主な原因として，この例では標本が小さすぎることによる．実際の解析は，より多くのデータを使って複数の DNA マーカーを基準として行われる．

連鎖解析はこの例で示した疾患遺伝子の探索のほか，好ましい形質の遺伝子，たとえばいちごの糖度を上げる遺伝子や病害虫に耐性を示すイネの遺伝子を探すなどの目的で，畜産・農業における品種改良にも利用されている．

5.6.4　大規模に疾患関連遺伝子を探す

2003 年にヒトゲノム計画の結果として，約 10 年の年月と 3,000 億円の研究費を費やして 1 人分の全ゲノム DNA 塩基配列の解析が完了し，人類ははじめて自らの遺伝子の全情報を手に入れることができた．しかしその後わずか 10 年たらずのうちに，高速シークエンサとよばれる新しいテクノロジーが登場し，DNA 塩基配列の解析はより高速に，より安価に行えるようになり，個人レベルのゲノムの解析が実現した．現在ではおおよそ 1 週間，10 万円程度で 1 人分のゲノムを解読することが可能であり，すでに全世界で数万人規模の全ゲノム解

析が行われている.

　ゲノムは塩基配列で書かれた生物の「設計図」であり，それぞれの人は塩基が1文字異なる1塩基多型などにより，少しずつ異なる塩基配列をもっている(図 5.42)．この塩基配列の違いは，同じ人種であれば約 0.1％，ヒトと最も近縁なチンパンジーとの間でも約 1％にすぎない．ここから，少しの塩基配列の違いが大きな形態や行動の違いを生み出していることがわかる．さまざまな疾患も，塩基配列の変化によって発症することが知られている．

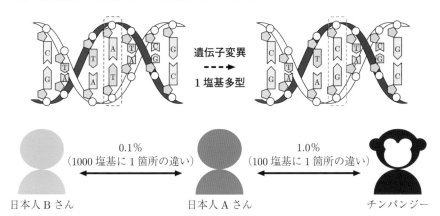

図 5.42　塩基配列の違い．(上) ある個人のゲノムに起こった塩基の変化を遺伝子変異，これが親から子へ継承され遺伝的に維持されている場合を1塩基多型とよぶ．この例では赤点線で囲んだ A-T の塩基の1組だけが，青点線で囲んだ C-G に変化している．(下) 同一生物種間と異なる生物種間の塩基配列の違いの例．

　高速シークエンサなどの技術の発達により，ゲノム配列を直接読み取ることで疾患に関連した遺伝子を探索することが可能になった．たとえば，ある疾患を発症した患者のグループ (疾患群) と，その疾患を発症していない人のグループ (対照群) のゲノム配列を決定し，両グループの配列を比較して，疾患に「関連している」遺伝子を統計的に推定することができる．この大量のデータに基づく統計解析が**全ゲノム相関解析** (英語で Genome Wide Association Study を略して GWAS＝ジーバスとよばれる) である．これは前項で紹介した「データの統計解析に基づく医療」をゲノム解析で行うことに相当する．

観測値 (GWAS の結果)	遺伝型	
	A_mA_n $(n \neq 1, m \neq 1)$	A_1A_k
疾患群 (200 名)	180	20
対照群 (400 名)	395	5

期待値	遺伝型	
	A_mA_n $(n \neq 1, m \neq 1)$	A_1A_k
疾患群 (200 名)	$200 \times (1-q)(1-q) = 188.2$	$200 \times \{2q(1-q)+q^2\} = 11.8$
対照群 (400 名)	$400 \times (1-q)(1-q) = 376.4$	$400 \times \{2q(1-q)+q^2\} = 23.6$

期待値より多い

期待値より少ない

図 5.43　GWAS の結果．(上) 観測された値の表．A_1A_k は少なくとも片方の対立遺伝子が A_1 である人を，A_mA_n はそれ以外の人を示す．(下) A_1 の遺伝子頻度から期待される表．

　例として，図 5.43 上のような表が GWAS の結果として得られたとする．ここでは簡単のため，遺伝子座 A の対立遺伝子 A_1 がこの疾患に関連するかどうかに限定して考える．この方法は遺伝子型と疾患の相関を調べる統計解析なので，「相関は因果関係を保証しない」という原則から，ふつうは疾患「原因」遺伝子ではなく，疾患に「関連」する遺伝子と言い表す．

　ここでは A_1 が優性遺伝 (顕性遺伝ともよばれる) すると仮定する．つまり相同染色体のうち片方でも A_1 をもつと発症すると考える．対立遺伝子 A_1 が疾患関連遺伝子である場合，図 5.43 上の表で，疾患群では A_1 の遺伝子型をもつ人 (青色) が多く，対照群では A_1 の遺伝子型をもつ人 (赤色) が少ないと考えられる．そこでこれらの値が，期待されるより有意に多い，または有意に少ないかを調べるために，A_1 が疾患に関連しない場合に期待される表を求める．A_1 の遺伝子頻度が $q = 0.03$ すなわち 3 ％としたとき，それぞれの遺伝子型はこの頻度から図 5.43 下の表のように求められる．この表と GWAS の結果が統計的に有意にかけ離れていれば，A_1 は疾患に関連すると判断できる．

　ここでは実際に使われる比較的簡単な手法として，次式で表される χ^2 値を使う (以下，少し進んだ内容なので本項の最終段落まで読みとばしてもよい)．

$$\chi^2 = \sum_i \frac{(O_i - E_i)^2}{E_i} \tag{5.12}$$

O_i は各セルの観測値，E_i は各セルの期待値である．χ^2 値は Excel を含むさまざまな統計ソフトウェアで計算できる．この例では，図 5.43 に示した値を式

(5.12) に適用すると，次式のように χ^2 値が得られる.

$$\chi^2 = \frac{(180 - 188.2)^2}{188.2} + \frac{(20 - 11.8)^2}{11.8} + \frac{(395 - 376.4)^2}{376.4} + \frac{(5 - 23.6)^2}{23.6}$$
(5.13)

観測された以上の χ^2 値が偶然得られる確率を P-値とよび，この値が低いほど有意な差があることになる．この例の P-値は 3.3×10^{-6} になるが，これは十分に低い値であるので，「A_1 をもつかどうかは疾患に関連する」と考えても安全といえる (P-値は統計ソフトウェアの関数で求めるか，数表を使って調べることができる)．GWAS では多くの遺伝子や 1 塩基多型を調べるので，基準とする P-値は 10^{-6} 程度のように，よりきびしく設定される．

実際の GWAS では図 5.44 のように多数の遺伝子を同時に調査し，$-\log_{10}(P\text{-値})$ (P-値の対数のマイナスなので，この値が大きいほど有意な差がある) のプロットから高い値を示す複数の遺伝子 (図 5.44 の赤丸) が疾患に関連すると判断される．

GWAS は多くの患者 (および対照群の被験者) の協力を必要とする解析なので，がんや糖尿病などの，よくある疾患に関連する遺伝子の探索には大きな威力を発揮する．一方でこの方法は，患者数の少ない希少疾患には適用しにくい

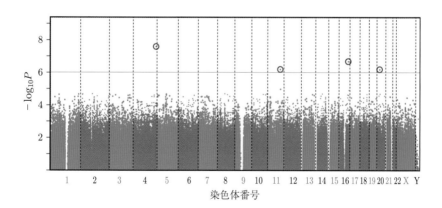

図 5.44 GWAS の例．横軸は染色体番号，縦軸は検査された遺伝子の $-\log_{10}(P\text{-値})$ を示す．検定された遺伝子は青または灰色の点で示されている．赤い横線は有意水準 10^{-6} を示していて，これより高い値を示す赤丸で囲った遺伝子が有意にこの疾患と関連するとみなされる．

という問題がある．そのような場合は，前項で説明した家系解析などの方法を
使った遺伝子探索が有効である．

5.6.5　生物学・分子生物学に基づく医療

これらの例のように現代の医療には，さまざまな統計学的なデータ解析や生
物学・分子生物学に基づいた解析が応用されていて，医療・医学におけるデー
タサイエンスの重要性が非常に高くなってきている．

ただしここで紹介した解析は，一握りの比較的簡単に解析できる例にすぎな
いことにも注意する必要がある．たとえば，疾患に関連した遺伝子が特定され
れば，それで直ちにその疾患が治せるようになるわけではない．遺伝子が特定
されても，その遺伝子の機能を促進すれば疾患が治るのか，あるいは抑制する
ことが必要なのかは不明である．また，生物の体内で 1 つの遺伝子が独立に機
能していることはほとんどないので，特定した遺伝子だけを標的にして疾患を
治療することは多くの場合困難で，多数の遺伝子の相互作用を考慮したより深
い探索が必要となる場合が多い．

また冒頭で説明した治験は，新薬の有効性を統計解析により客観的に示すこ
とができるが，治験に供する新薬を設計 (**ドラッグデザイン**) するには，かなり
難度の高い地道な研究・開発を行う必要がある．ドラッグデザインの成功率は，
いまだに数万分の 1 (新薬を 1 つ実用化する間に数万の薬候補が脱落する) とさ
れる．

統計学をはじめとするデータサイエンスは，これらの問題を解決するための
手段としても期待されている．しかし，そのためのデータの収集方法や解析方
法の多くはいまだに基礎研究の段階にあり，一層の進歩が求められている．

第 6 章
より進んだ学習のために

　ここまで，現代社会におけるデータサイエンスの役割からデータの入手方法，データ分析の基礎となる統計学や実際の分析手法，コンピュータソフトウェアや実際の応用例について述べてきた．読者としては文科系も含んだ大学生全般を想定しているため，できるだけ数式を使わずに記述したが，そのためもあって記述が不十分になってしまった部分もある．最後に，それらの補足も含めて，より進んだ学習のための参考文献を紹介する．

第1章　現代社会におけるデータサイエンス

　現代社会におけるデータサイエンスの役割や実際のビジネスへの応用方法などについては数多くの書物が出版されているが，いくつか代表的なものをあげると，

　　○　西内啓，『統計学が最強の学問である』(ダイヤモンド社，2013)

は，データサイエンスという言葉が現在ほどポピュラーでなかった時代にその有用性を紹介し，当時ベストセラーとなった本である．

　　○　竹村彰通，『データサイエンス入門』(岩波新書，2018)

は，最近の動向まで含めて，データサイエンスの現状などを紹介している．

　　○　河本薫，『会社を変える分析の力』(講談社現代新書，2013)

は，データサイエンスを実際のビジネスに活かすコツを，筆者の経験も踏まえながら紹介している．

○ キャシー・オニール (久保尚子訳)『あなたを支配し、社会を破壊する、AI・ビッグデータの罠』(インターシフト，2018)

は，原題 (2016) が Weapons of Math Destruction で大量 (mass) 破壊兵器と数学 (math) を掛けており，データサイエンス・AI がもたらす負の側面について豊富な事例を交えて論じている．この著者による TED カンファレンスの講演動画も参考になる．日本語字幕付きのものがインターネット上に無料で公開されている．

　データの入手方法として，本文では e-Stat や RESAS を紹介した．これらは本を読むよりも実際にパソコンを使うことのほうが大事であるが，あえて書籍を紹介すると，

○ 総務省統計局，『誰でも使える統計オープンデータ』(日本統計協会，2017)

は，もともと MOOC 講座 (大規模オンライン講座) のオフィシャルスタディノートとして発行されたものであるが，e-Stat のさまざまな機能や活用事例を紹介している．

○ 日経ビッグデータ，『RESAS の教科書』(日経 BP 社，2016)

は，RESAS の使い方や地方自治体における活用事例を，フルカラーの写真込みで紹介している．

第 2 章　データ分析の基礎

　第 2 章ではデータサイエンスの基礎となる統計学の初歩について簡単に述べたが，データサイエンスをきちんと理解し最新の手法にもついていくためには，統計学をきちんと学ぶ必要がある．大学生であれば，自分の大学で統計学の講義を選択するのが一番よいが，テキストをあげるとすると，

○ 日本統計学会編，『改訂版 統計検定 3 級対応　データの分析』(東京図書，2020)

○ 日本統計学会編，『改訂版 統計検定 2 級対応　統計学基礎』(東京図書，2015)

がある．これらは日本統計学会が実施している「統計検定」に対応したテキストであり，3 級が高校卒業程度，2 級が大学基礎程度に対応している．これらの

テキストで学習した後に実際に検定試験を受けてみるのもよいだろうし，検定試験の過去問集も別途販売されている．

○ 日本統計学会編，『統計学Ⅰ：データ分析の基礎 オフィシャルスタディノート 改訂第 2 版』(日本統計協会，2019)

○ 日本統計学会・日本計量生物学会編，『統計学Ⅱ：推測統計の方法 オフィシャルスタディノート 』(日本統計協会，2020)

○ 日本統計学会・日本行動計量学会編，『統計学Ⅲ：多変量データ解析法 オフィシャルスタディノート 』(日本統計協会，2017)

は MOOC 講座のオフィシャルスタディノートであり，本来はオンライン講座を視聴しながら使うべきものであるが，MOOC 講座のスライドもすべて収録されている．

統計学をきちんと理解するためには，線形代数や微積分の知識も必要である．これらに関するテキストは星の数ほど出版されているが，統計学への応用の観点から書かれたものとして次の書物をあげておく．

○ 永田靖，『統計学のための数学入門 30 講』(朝倉書店，2005)

○ 椎名洋・姫野哲人・保科架風，『データサイエンスのための数学』(講談社，2019)

これらは，統計学およびデータサイエンスで必要となる微積分および線形代数をコンパクトにまとめてある．これらのテキストだけで勉強するのが難しい場合は，大学生であれば，自分の大学で数学の講義を受講して，練習問題を解きながら数学を身につけるのがよいだろう．

第 3 章 データサイエンスの手法

この章では，回帰分析やクラスタリング，決定木分析などの手法を，数学的厳密さはある程度省略したうえで紹介したが，たとえば回帰分析については，統計学の標準的な教科書 (前掲『統計検定 2 級対応 統計学基礎』など) を参照されたい．この章では文科系の学生にも抵抗なく読んでもらえるよう，あえてコンピュータによる実際のデータ分析には触れなかったが，たとえば

○ 豊田秀樹編著，『データマイニング入門　Rで学ぶ最新データ解析』(東京図書，2008)

は，ニューラルネットワークや決定木，クラスター分析などを，本書の第4章でも紹介した統計ソフトRを使って実際に適用する方法を紹介している．わたせせいぞう氏のカバーイラストも印象的な，楽しい本である．

○ 秋本淳生，『改訂版 データの分析と知識発見』(放送大学教育振興会，2020)

は，放送大学の講義の教科書であるが，これも，Rを使ってクラスター分析や決定木，ニューラルネットワークを実際に動かしてみるテキストである．

○ 今井耕介 (粕谷祐子，原田勝孝，久保浩樹訳)『社会科学のためのデータ分析入門　上・下』(岩波書店，2018)

は，アメリカの大学教科書の邦訳だが，実際の研究論文で扱われた「最低賃金の上昇と雇用」や「論文集『フェデラリスト』の著者予測」といったテーマを題材に，Rで実際のデータを分析しながらデータ分析手法とRの使い方を入門から学ぶテキストである．

機械学習については，本書では簡単な紹介しかできなかったが，

○ P. フラッハ (竹村彰通監訳)『機械学習 ―データを読み解くアルゴリズムの技法―』(朝倉書店，2017)

が，入門書でありながらさまざまなトピックスを取り上げて楽しい本になっている．

第4章　コンピュータを用いたデータ分析

この章では，Excel，RおよびPythonによるデータ分析の方法を紹介した．これらはまさに，本を読むのではなく実際にパソコンを動かして習熟してほしい．

Excelについては多くのテキストが出版されているが，代表的なものとして，

○ 縄田和満，『Excelによる統計入門 第4版』(朝倉書店，2020)

をあげておく．

Rについては，

○ 山田剛史・杉澤武俊・村井潤一郎,『R によるやさしい統計学』(オーム社,2008)

○ 舟尾暢男,『The R Tips 第 3 版 データ解析環境 R の基本技・グラフィックス活用集』(オーム社,2016)

前掲の『データマイニング入門　R で学ぶ最新データ解析』,『データの分析と知識発見』も参考になる.

Python については,

○ Guido van Rossum (鴨澤眞夫訳)『Python チュートリアル 第 3 版』(オライリー・ジャパン,2016)

○ Al Sweigart (相川愛三訳)『退屈なことは Python にやらせよう ノンプログラマーにもできる自動化処理プログラミング』(オライリー・ジャパン,2017)

がある.1 番目の書籍は Python の作者自身による手引書,2 番目の書籍は書名のインパクトだけでなく具体例も面白い.

第 5 章　データサイエンスの応用事例

データサイエンスの応用事例については第 1 章の参考文献にあげた書籍にも書かれているので,ここでは,実際の分析手法面を中心に,本書に続いて読むべき本を紹介する.

マーケティング,金融については,

○ 豊田裕貴,『R によるデータ駆動マーケティング』(オーム社,2017)

が,本書でも紹介した回帰分析や決定木,アソシエーション分析などの手法を,R を使ってマーケティングの実際に利用するといったことを扱っているので,本書に続いてデータ分析を実際に行っていくにはよい本である.

品質管理については多くの書籍があるが,入門的書籍として下記をあげる.

○ 石川馨,『第 3 版 品質管理入門 A 編・B 編』(日科技連出版社,1989)

○ 鐵健司編,「新版 QC 入門講座」全 9 巻 (日本規格協会,1999, 2000)

○ 仁科健・川村大伸・石井成,『スタンダード品質管理』(培風館,2018)

品質管理に関する知識を確認するためには QC 検定を受けてみるのもよいだ

ろう．基本的参考書籍として下記をあげる．

　○ 仁科健監修，『過去問題で学ぶ QC 検定 2 級 2021 年版』(日本規格協会，
　　　2020)

　画像処理については，

　○ ディジタル画像処理編集委員会，『ディジタル画像処理 改訂第 2 版』(画
　　　像情報教育振興協会，2020)

　○ Richard Szeliski (玉木徹他訳)『コンピュータビジョン　アルゴリズムと
　　　応用』(共立出版，2013)

　○ 原田達也，『画像認識 (機械学習プロフェッショナルシリーズ)』(講談社，
　　　2017)

　音声認識の仕組みについては，

　○ 河原達也編，『音声認識システム 改訂第 2 版』(オーム社，2016)

　医学分野については，

　○ 日本バイオインフォマティクス学会編，『バイオインフォマティクス入門』
　　　(慶應義塾大学出版会，2015)

をあげる．

索　引

著者紹介

● 編著者

竹村　彰通　（1.1 節）
　滋賀大学 学長

姫野　哲人　（2.4 節）
　滋賀大学データサイエンス学部 准教授

高田　聖治　（第 3 章，4.1 節，5.1 節，5.2 節，第 6 章）
　国際連合 上席統計官／アジア太平洋統計研修所 副所長

● 著者 （五十音順）

和泉　志津恵　（2.2 節，2.3 節）
　滋賀大学データサイエンス学部 教授

市川　治　（5.5 節）
　滋賀大学データサイエンス学部 教授

梅津　高朗　（4.3 節）
　滋賀大学データサイエンス学部 准教授

北廣　和雄　（5.3 節）
　滋賀大学データサイエンス学部 特別招聘教授，北廣技術士事務所 所長

齋藤　邦彦　（1.3 節）
　名古屋学院大学商学部 教授，滋賀大学 名誉教授

佐藤　智和　（5.4 節）
　滋賀大学データサイエンス学部 教授

白井　剛　（5.6 節）
　滋賀大学データサイエンス学部 特別招聘教授，長浜バイオ大学バイオサイエンス学部 教授

田中　琢真　（2.1 節）
　滋賀大学データサイエンス学部 准教授

槙田　直木　（1.2 節）
　総務省統計研究研修所 統計研修研究官

松井　秀俊　（4.2 節）
　滋賀大学データサイエンス学部 教授

データサイエンス大系

データサイエンス入門 第 2 版

2019 年 2 月 20 日	第 1 版 第 1 刷 発行
2020 年 10 月 20 日	第 1 版 第 3 刷 発行
2021 年 3 月 30 日	第 2 版 第 1 刷 発行
2023 年 9 月 10 日	第 2 版 第 6 刷 発行

編 者	竹 村 彰 通
	姫 野 哲 人
	高 田 聖 治
発 行 者	発 田 和 子
発 行 所	株式会社 学術図書出版社

〒113-0033 東京都文京区本郷 5 丁目 4 の 6
TEL 03-3811-0889 振替 00110-4-28454
印刷 三美印刷(株)